小公司賺錢的技術

小さな会社の稼ぐ技術

規劃8大項目，立定4大戰略，
在夾縫中穩定獲利的成功指南

栢野克己 Katsumi Kayano——著
竹田陽一 Yoichi Takeda——監修
豊倉義晴——取材・執筆協力
高菱珞——譯

前言

歡迎來到倖存者的世界！

日本約存在三百八十二萬家企業，其中的九九．七％為中小企業，而中小企業中約九成為小規模事業（「製造業．其他」二十人以下，「商業．服務業」五人以下），大企業只有不到一％。

但是，流竄社會中，有關經營的相關資訊都是有名大企業的故事。媒體、書籍、講座都是，但這也沒辦法。媒體的主要贊助商就是大企業，它們的廣告或宣傳既顯眼又帥氣。另一方面，中小企業或零售業，既沒名氣又樸素，很無聊。

大企業和中小企業的員工，生涯年收入可以差到一億日圓。不論過去或現在，甚至以後，學生和家長都不會改變進入大企業這個志向。

數十年前，我要踏進社會時也只選擇大企業。離開學校，就決定要進入上市上櫃的超大企業。我認為自己是人生勝利組，但是作為上班族卻失敗得一蹋糊塗，轉職後的公司規模小很多。

三十歲的第四間公司是中小企業。

三十二歲創業，但不到一年就關掉了。

三十三歲意外揹著一億日圓的負債，三十六歲十二度創業。

如果是一直失敗的人生，難道沒有辦法活用那些失敗嗎？因為這樣的想法，我聚集了中小企業的社長，組織了讀書會。因為自己不成功，所以找來成功的人，聽他們的故事，收集成功案例後和中小企業的社長一起學習。

抓住成功的人，他們的故事確實很厲害。除了智慧和行動力，他們還有強大的氣場。但是，那些人和自己相比，不管能力和個性都不同，很難模仿啊！一邊覺得崇拜，一邊也有種無力感。

那時，恰巧遇到了經營顧問竹田陽一。在福岡的經營者之間，是個小有名氣的人。聽聞他的蘭徹斯特經營法則後，突然和我過去聽過的成功者事例連結起來了，茅塞頓開。

本書的審訂者竹田陽一，是個活躍於中小企業的經營戰略顧問，也是蘭徹斯特經營法則的專家。針對員工三十人以下的中小企業，依蘭徹斯特法則網羅商品戰略、區域戰略、業務戰略、財務戰略等各種經營領域製作「經營戰略教材」（DVD・CD）約二百卷，他也是將原為軍事戰略的蘭徹斯特法則應用於企業經營的先驅者之一。以此教材進行的讀書會、講座和演講等，四十年來有十數萬人參加，學習竹田式蘭徹斯特經營。我是竹田陽一的弟子，拜入他門下後主要負責採訪成功事例和進行演講活動。

二〇〇二年，我和竹田陽一共著的商業書《蘭徹斯特法則經營實踐——小公司老闆不得不知的8個經營實踐步驟》出版。因為是針對中小企業、零售業和個人事業主，內容也很遜。書中例子盡是些沒有名氣的企業，但是它賣出了超過十萬冊的成績，成為暢銷書。

經過了十五年，我認為必須全面升級內容，於是又寫了這本書。

和十五年前相比，現在的中小企業和零售業更沒有朝氣了。此外，我也想透過這本書，向還不知道竹田式蘭徹斯特經營的人傳達「弱者的正確獲勝法」。

不管時代怎麼變，社會上九九・七％的中小企業還是無名的弱者。雖然人一定會死，但絕大多數的公司三十年左右就會陣亡，或許人和公司都是朝著死亡的方向活著。

但是，這社會沒有那麼糟。

弱者有弱者的戰略，就算是弱者，只要使用了正確的戰略也能有相當的強度。不對，在地區戰的話，甚至還能把大企業打敗呢！實際戰爭也是，現在已經是大國在游擊戰中會打輸的時代了。弱者才有的能力，想找就能找到，我會透過這本書告訴你。

歡迎來到倖存者的世界！

栢野克己（Kayano Katsumi）

目錄

Part 2
讓弱者肯定獲利的四大戰略

Part 3

迷惘時請回想 竹田陽一語錄

Part 1

何謂竹田式蘭徹斯特經營法則？

第 1 章

努力並不等於賺錢

一名二十三歲的社長創業時，在福岡的綜合大樓裡對著三名兼職人員大喊：「我們將來的目標如同豆腐店，豆腐一丁、二丁，我們公司的營業額是一兆、二兆。」*隔天，三名兼職人員全數離職。這是現在總營收超過九兆日圓的軟體銀行的真實故事，軟體銀行創辦人孫正義於二〇一〇年開設經營者養成學校「軟體銀行學院」。他在創辦之初就說過「我想告訴各位的，以一句話來說就是蘭徹斯特法則和孫子兵法」，這個影片現在網路上還找得到。

本書是針對中小企業和零售業、個人事業主，實踐蘭徹斯特經營法則的指南。

蘭徹斯特法則是英國人弗雷德里克·蘭徹斯特（Frederick W. Lanchester）在一九一四年

---

* 譯註：丁為日本計算豆腐一塊、二塊的單位詞，和兆的日文發音相同。

發表的數理戰術學，何謂數理戰術學？你可能滿頭問號，簡單來說就是將戰力等數值化，以科學方法計算和敵人開戰後會得到什麼樣的結果，「在這種條件下戰鬥的話，差不多會這樣」將結果以數字表示的法則。

第二次世界大戰時，以美國為中心的同盟國應用此法則於軍事作戰和攻擊效果的分析、決策，收到極大成果之事廣為人知。日本也在一九五〇年代翻譯了美國出版的蘭徹斯特法則書籍，其後開始有人將此法則運用於經營哲學，且人數越來越多。

與蘭徹斯特法則相關的商業書很多，自一九七〇年代至今，累計銷售數超過五百萬冊。托大家的福，二〇〇二年出版的《蘭徹斯特法則經營實踐——小公司老闆不得不知的8個經營實踐步驟》（竹田陽一、栢野克己合著，先鋒企管，已絕版）也突破十萬冊了，此類書籍在這十年間也出了數十萬本。

公開自己活用蘭徹斯特法則於經營上的有名經營者也不少，除了前面提到的孫正義，經營三賢旅行社（H.I.S）和豪斯登堡的澤田秀雄、已故的企業顧問大師一倉定、武藏野的小山昇等都是。

但是，我在這裡並沒有要說明蘭徹斯特經營法則的詳細內容。學習這事，後面再說吧！面對中小企業和零售業經營，蘭徹斯特經營法則該如何運用，又能收到什麼效果呢？首先，請聽聽某經營者的故事。

數年前，有個傳聞說「大阪有間很厲害的便當店」，因為學習了蘭徹斯特經營法則從谷底大翻身，業績大幅成長，在大阪府內的三百間連鎖加盟店中穩據第一。不過是間便當店，到底做了什麼？雖然故事有點長，但在這個故事後，我將解說蘭徹斯特經營法則與這個故事的關聯。

個案研究1

連戰連敗，從谷底翻身的大逆轉

——岩田芳弘社長（有限會社山田中商會）

「做生意就是賭博！」這個想法導致失敗

我是在大阪東淀川區經營外帶便當店的岩田，我從二十歲就開始做生意，那時的起點是居酒屋。之後做過便利商店加盟、便當店、拉麵店、章魚燒店各種生意，但是每個都不成功，不是倒閉就是轉手他人，最後只剩下賣便當的加盟店。

我會做那麼多種類的理由，不過是想向別人炫耀「我做過這個，也做過那個，什麼都會喔」。另一個原因則是我認為「做生意就是賭博」，這個不行的話就換那個……日復一日，不停的失敗。

「因為做生意就是賭博，在賭對之前失敗也是沒辦法的」這是我過去的想法。

但是，我很後來才知道，原來這個想法是錯的。「做生意要成功，其實有正確的方法。」

我生為一個生意還過得去的酒鋪之子，從小就是個想要東西就會有人買給我的少爺。父母跟我說：「你長大後去當藝人！」所以我模仿澤田研二，戴白帽、著白服，還真的想過要去當藝人。在那時候我還想著「你這傢伙，將來可不得了呢」（笑）。

墜落的日子

說到我過去的工作狀況，當然是沒認真在工作啦！

一頭金髮的我，遇到掛著大條金項鍊、態度又很大尾的客人，就會毫不客氣地瞪他，想著「想怎樣啊！」而如果來的是個可愛的女生，就會搭訕對方，說著「要不要一起去喝一杯啊！」這種話，就連店裡打工的女生也不放過。一到傍晚五、六點，就開始坐不住，接著就出門搭訕、聯誼。

帶上店裡年輕的打工小夥子和朋友，在路上閒晃。白天工作都沒做好，晚上出門閒晃倒是一尾活龍。想當然爾，生意越來越差。因為我的夜生活越來越忙了嘛！

「岩田，幹得不錯啊！」每當有人這麼吹捧我，就忍不住大聲回應：「當然啊！接下來還會賺更多呢！」

白天擺出連鎖加盟店老闆的樣子，對來往的廠商和工作人員一副我最了不起的態度。

但這樣是不可能成事的，資金週轉漸漸變得困難。開始付不出給廠商的錢，也遲給員工薪水。

一臉跩樣像混混那樣的人，立場轉變後會變得怎樣你知道嗎？

首先是無法面對員工，明明是自己的公司卻變得不想去。如果覺得廠商要來了，因為月底又付不出錢，就躲去廁所。這種混混一樣的男人一旦被逼急了，沒用的樣子就會全跑出來。

那時的經驗直到現在還是我的創傷，再也不想回到那個時候。因為沒有錢，只好把手上店家接連關閉、出售。最後，只剩下加盟的便當店。

努力也沒有結果

我從來沒求過職，從二十歲開始就一直在當社長，所以只有態度很厲害。社長這種人，沒有內容、態度又很了不起的多得是（笑），我就是典型例子，所以要我去當上班族是絕對不可能的。於是，只剩下該怎麼對待僅存的一家店了。想通了這一點，我的心態也跟著改變，好像可以努力一下。製作好吃的便當，大聲向客人打招呼，變得能夠努力對待工作了。

然而，成效還是不佳。營業額持續往下掉，都已經這麼努力了卻完全沒有結果。我非常焦急。

還遷怒員工「我那麼努力了，為什麼還是不行」、「一定是你們不夠努力」，現在回頭看，我當時真的對員工很差勁。

因為沒辦法了，我跑去找經營者前輩問問方法。

「前輩，該怎麼做才能經營成功呢？」

「你為什麼要選這個事業？經營理念是什麼？」

他這麼問我，但我一句話也說不出來。「那這樣我們沒得談囉！」他冷漠地說。

我想做什麼？

為什麼要開店？

因為我每天只是頭腦空空的工作，老實說，還真想不到為什麼。

接下來，我到加盟店的總店去尋求協助。加盟店總部針對每個區域都有設置一個名字很厲害的監事，負責「給予你店鋪經營的協助」。

我認為，現在就是使用的好時機，「請告訴我改善業績的方法」，問了也沒得到好建議。之後過了十七年，但到現在都還是沒有良好的建議（笑）。

於是我知道，這也不是能依靠的對象，人生窮途末路。

改變人生的邂逅

就在那個時候，在附近經營美容院的田中先生問了我，「我和朋友有個經營讀書會，要不要一起來？」

在那之前，我幾乎不看書，也不太聽別人演講，甚至連電腦也不怎麼碰。所以資訊掌握能力相當不足，說起來很慚愧，我連書店有賣公司經營法則這種書都不知道。

去了讀書會，那天大家一起看ＤＶＤ。螢幕上說話的大叔是蘭徹斯特經營公司的竹田陽一。

「有這種做法啊！喔喔，真不錯。從做得到的事開始試試看吧！」

因為我一直煩惱著該怎麼辦，當下就直接想到了這個。

這次和田中先生的相遇成了我人生的轉捩點，從這裡開始我的工作方式有了改變。也就是八年前，我開始參加蘭徹斯特經營大阪分部．井上秀之的讀書會，受他照顧。

被說了「謝謝」

首先是模仿其他人做的各種事。

我老婆去了田中先生的美容院後，隔沒幾天就收到田中先生寄來的手寫明信片。一看到，就不禁起雞皮疙瘩，覺得這招也太厲害了。

雖然我是開便當店的，但也模仿了這種明信片作戰。詢問常來店裡的客人地址，寄出一張張明信片給肯告訴我地址的客人。這麼做之後，得到了相當多的喜悅。

「太棒了，還寄這個給我，謝謝喔。」

「謝謝！」聽到這句話比想像的還開心，所以我繼續寫。一開始是手寫，一天大概寫三十張。現在一天大概有三百人光顧，無法寫完全部的人，改成寄送手工製作的「北海亭新聞」給他們。但是，現在遇到非常重要的時候還是會寄送手寫明信片。

寄送明信片和店報都需要顧客清單，而我會想這麼做的契機如下。

有個客人大概有一年半的時間幾乎每天都來，聊天話題各式各樣，偶爾也會收到他帶來的土產或慰問品，我也會送上食物，變成無話不談的朋友。

而那個人某天突然不來了。

其實他是個精神面有煩惱的人，所以我很擔心他是不是怎麼了，但我連他的聯絡方式都沒有。

一般來說，客人和店家的關係會是商業上的喜不喜歡，但我和那個人應該已經到了朋友關係了。因為那個人幾乎每天都會來我的店，但是他不知道是搬家了還是工作轉調，沒特別和我聯絡。

最後我和那個人變得單純只是在店裡交換金錢和商品的關係，真的很讓我傷心。

因為這件事，我決定詢問經常光顧的客人名字、地址和聯絡電話等，製作顧客清單。現在顧客清單已收集了約六千人，從中挑選三千五百人左右，定期寄送店報。

深根地區，提高營業額！

我們是加盟店，和其他連鎖加盟店的商品沒什麼兩樣，是到處看得到的北海亭，和顧客的距離只要多了一公里，若店長不是個超級帥哥，對方肯定不會來買了吧（笑）。

而且這幾年，我們店的周圍突然多了很多餐飲店。從我們店往北三百公尺就是車站，車站前有條小小的熱鬧街道，麥當勞、肯德基、食其家（すき家）、Kitchen Origin都有。住家或公司附近也有好些個覓食點，和車站相反方向。我們店的南邊是淀川，商圈延續到那裏。在這個狹小區域裡，要怎麼做才能生存下來？我每天都想著這件事，開店做生意。

我的店有外送服務，平日有六成顧客來店，四成顧客外送。到了假日或有活動時，會湧入大量訂單，忙到人仰馬翻。

會來店裡光顧的顧客僅限於在附近活動的人，外送的話就算遠一點也會有人叫我們幫他拿過去。一開始我們就照顧客的話做，因為也不知道該怎麼經營，只能成日苦戰。外送餐點一天大概有二、三份，一份五百日圓的便當，外送車程單趟十五分鐘，來回就要半小時了。就算只有二分鐘也是到處去，名符其實的東奔西走。不只人力費用高，油錢和時間也是種消耗，最後就出了意外。

從其他城市來的大學生到我們店裡來打工，因為不是本地人，路也不熟。但是我們的外送範圍非常遠，只要客人打電話來抱怨「怎麼還沒到？」我就會打店會催促那個打工的孩子要他動作快一點，他也因為著急就出了車禍。

這樣的事情發生了好幾次，不只效率差，也讓人很疲倦，就算是打工的都沒有精神了。我心想，是否該停止外送服務了。單程十五分鐘，來往半小時，這樣只收到五百日圓，根本入不敷出。

透過學習竹田式蘭徹斯特「區域戰略」，我才知道「移動時無法產生任何利潤」。真的是這樣，移動要花時間，還有移動產生的費用。而且我們單價低，毛利也很低。他們告訴我「必須專注在這非常狹小的區域裡，否則就不會賺錢」。

於是，我開始挑戰縮小外送區域，減少移動時間，並提高營業額的地區限定戰略。突然的改變其實很令人害怕，而且商圈還慢慢地變小了。到底結果會如何？以前五公里遠的地方也會去，現在最遠只送一公里內，騎機車不用五分鐘的距離。

因為縮小範圍，對象也從五萬二千人減少三分之一為一萬七千人。但是，營業額成長了一點五倍，員工每人的經常利益是業界平均的二倍。訂單數量增加後的現在，一次的外送就有四到五份，多的時候還會有六、七分呢！想到效率這件事，和過去真是天差地別。強者和弱者的做法不同，他們告訴我「大企業和中小企業、零售業、個人事業主的做法相反」，讓我受了相當大的衝擊。

我們還做了促銷，我們店門口剛好是通學路段，下午三點左右，附近的小孩們就會從學校湧出來。那個時間，油鍋也冷了，無法繼續賣的、有點冷掉的可樂餅或炸雞就送他們吃了。當然，在新鮮度和衛生程度上是沒有問題的。只是冷掉了，而剛好肚子也餓了的小孩們就會大聲地講：「好吃耶！這什麼！」我通常都會這麼回答。

「嘿，吃了我的東西要回家跟媽媽說喔！」

接著晚餐時，他們的媽媽就會帶他們過來。

顧客是誰？

過去有人問我「你的顧客是誰？」我就會回答「男女老幼」，但是學習戰略後，我才知道要在這種滿是對手的區域經營餐飲業，必須深耕特別的客群，於是針對店內顧客約一百人做了問卷調查。

「為什麼選擇這家店？」

遞給他們寫上這種問題的手寫問卷。

然後了解到決定「今天就吃便當吧」的人，有八成以上是主婦。這樣一來，就可以確定店報和店鋪、傳單等都要主打主婦。

外送則針對法人和家庭顧客，到企業、店家或建築工地問候、發傳單促銷，家庭顧客才是到大樓投遞傳單到信箱，但是單身族公寓因為來客率低就排除在外。

針對法人的業務也嘗試了各種可能性，員工人數多的，大多會選擇便宜的便當店。無法以價格勝出，所以我們鎖定的法人企業限定為員工五至二十名的小型事務所。

傳單差異化

一開始，針對家庭顧客的促銷，我就只是將加盟連鎖店總部送來的菜單登上去，然後投至大樓信箱。試了好幾次，但都沒什麼效果。後來，為了想提高傳單品質，我加上了手寫文字「給忙碌的太太」，還有一封感染力強的信。

現在則是將那封信和傳單訂在一起，於之前決定好的區域裡投遞數次。根據我們自家統計，約三至四次後最有效果。

和顧客的二天一夜小旅行

除了前面說的那些，因為我是個很愛熱鬧的人，也會和住附近的顧客家人，帶著小孩去釣魚、抓獨角仙、看螢火蟲。在這一點上，我沒有任何勉強。我本來就會每個月帶家人出去玩一次，只是在那時候約了附近的小孩一起同樂。現代人很需要溝通，只要邀約他們，就會有一大堆人加入。想加入的人多到我還要煩惱車子數量不夠怎麼辦呢！

此外，我也舉辦每月一次的主婦跑步社團。我曾被說：「岩田先生，從背後看只會看到你的屁股耶」我就回了一句「居然！」

這些主要顧客群會像這樣直接說出對店裡的意見，而且還是毫不修飾的。她們說得可多了，但我會從中納入一切意見，活用於店舖經營。

就在我這樣那樣的忙碌著，也和附近的主婦們一起辦了各種活動呢！

「岩田先生，下次要不要一起去二天一夜小旅行啊？但晚上可不能做些色色的事啊！（笑）」

去年夏天，我們大約三十人一起去了趟旅行。

女性是人才寶庫

事情到了這樣，要找人手也可以從這群人中尋獲了，一點也不煩惱。過去因為我的言行不佳，就算找到人他們也做不久就辭職了，是個無限徵人的惡性循環，實在很慘啊！

其實，身為客人來店時能友善對待服務人員的人，在當店員時也能夠良好對應客人。每當有人問我想找男店員或女店員，我都會回答女店員。男性好人才，從一開始就不會看上我們這樣的店。但是，女性好人才有可能因為結婚生子就進入家庭被埋沒了。所以有用的人才其實很多呢！

現在我們店內的員工加上兼職人員，有八至九成是女性。徵才方法則是從友善對待服務人員的客人中發掘，我過去身為顧客去買東西時，總是一副大爺樣。所以，雇用身為顧客卻謙虛聰明的人為員工，他們肯定能好好對應客人。

同區不同產業的合作

為了更加深耕所在區域，我還和地方福利設施、滿腔熱血的社長們進行各項合作。投遞傳單這類簡單的菜單宣傳可和報紙派送合併進行，所以就委託地方的身障者福利設施作業。

我們附近還有蛋糕店、和菓子店、麵包店等有名店家，提出邀約「我們可以在送便當時幫你們一起送貨，要不要外送呢？」然後我就幫他們一起宅配，收了微薄的手續費。而且還約他們參加讀書會，一起看竹田式蘭徹斯特經營的DVD。

客人送的慰問品

如此一來常客增加了，現在差不多每天都會收到客人的慰問品。有時一天還多達六樣！非常幸福，真的很感謝。

情人節時，有好多人帶禮物來給我。是連發給兼職員工後都還吃不完的量，連附近住戶的小孩也會帶巧克力來給我。明明是下雨天，還撐著傘過來。真的非常開心，當初選擇做生意真是太好了。

年輕的打工人員還會用羨慕嫉妒恨的口氣對我說：「老闆，你這跟酒店小姐受歡迎的程度差不多了啊！」我也毫不客氣的回應：「那你還不趕快給我好好接客。」

社長的工作就是制定戰略

我學習的竹田式蘭徹斯特經營經常提到戰略、戰術什麼的，戰術就是活動手腳和身體。戰略則是決定目標、設定組織，屬於動腦的工作。

過去我的工作是炸雞、烤肉，裝好飯後去外送。這些全是戰術，社長應該做的是制定戰略。社長如果想要得到多一點薪水，做和打工同事相同的工作，最多給他時薪八百至九百日圓也就夠了。

但我也理解中小企業或零售業的社長還是得負責戰術，現在我把廚房和店裡的工作交給員工，我負責的戰術就是到外面拉客戶，或是和老客戶聊天。

對老舊型態做出差異化的效果

接著我們來談談差異化，我認為便當店是種非常老舊的事業型態。居酒屋或其他的餐飲店不斷在做新的事，但便當店和幾十年前相比卻沒有什麼改變。我雖然不太方便去其他連鎖店買便當，但還是知道菜單和待客方式幾乎和以前沒什麼變化。

所以我們會在客人來店時奉茶，「咦！這間便當店居然還端茶給我。」嚇了大家一跳。

雨天則奉上毛巾，像這種變化我們可是做得非常多。常客還能叫出名字呢！為了在看到時就能想出名字，我們還會在筆記本裡註記樣子和特徵。

第一次意識到第一名

我們店的營業額，原本在大阪府北攝地區的五十家商店裡，是排在第十名左右。因為和第一名店家的營業額實在差太多，我連想都沒想過要成為第一名。

雖然都是模仿來的點子，但寫了感謝明信片、製作顧客名單和配送店報後，營業額一點一點地往上升了，好像有了些微的成功體驗。接著，一年後我們的排名從第十名上升到第五名。

那時，「說不定能成為第一名呢」，我第一次意識到北攝地區的第一名，而改變了自己的目標。因為同樣是連鎖店，我也會知道其他連鎖加盟店的營業額。也能夠計算出要成為第一名，營業額必須比現在的每個月多上一百萬日圓。身為一個經營者，我認為在想法上已經比之前成長了許多。

沒戰略的「窮忙」

但是，爬到第一名還是花了我將近十年的時間。因為只有一間便當店，再也沒有其他的了，我打算拚盡全力，然而過了一段時間後卻沒看到結果。

這就像竹田老師說的，也就是窮忙。忙得像隻小蜜蜂，卻一點也不賺錢。

為什麼會變成這樣？我的結論是應該採用的戰略不對。

我認識竹田老師後，學習了竹田式蘭徹斯特經營，了解如何設立正確的戰略和實行方法，設定了「商品」、「地區」、「客群」各領域達到第一名的目標。為了實現這個目標，我終於知道每個月的營業額要再提升一百萬日圓。

如果至今為止的做法都沒用，那就嘗試新方法，明天、一周後、一個月後該怎樣做，變得能夠有戰略的思考。

跑業務不是一次就夠的

為了提高一百萬日圓的月營業額，必須做些新的嘗試，所以我開始了對企業或商家的便當宅配業務拜訪，當時有個令我現在還清楚記得的事件。

某個夏天的炎炎日頭下，我去的建築工地。進入工地現場的鐵皮屋，我出聲：「你好！我是北海亭！」裡面約三十名工地大叔裸著上身累得呼呼大睡。因為我中氣十足的問候，一名刺青的大叔充滿威嚴地怒喝我「喂，吵不吵啊你！」因為我直覺苗頭不對，火速離開現場。

但是，竹田式蘭徹斯特的ＤＶＤ說：「根據訪問方式不同，為了開拓新客戶而去的第一次或第二次目的只是打招呼和收集資料，第三次之後才有可能做到生意。」所以我又去了。但是那個刺青大叔再次怒吼：「我們不需要，滾回去！」第三次去業務拜訪時，裡面一個人都沒有。

接著是第四次，雖然有人，卻沒人瞧我一眼。這讓我有點不爽，「好啊，都不理我，那我就再多去幾次」。結果去了第五次，那個刺青大叔居然問我：「你們家便當怎麼訂？」現在那裡每天會跟我們訂十個、二十個便當呢！

模仿也好，總之先做做看

我前面說我會給客人「北海亭新聞」，但不管手寫明信片或這個店報，其實都是模仿來的。我會開始做「北海亭新聞」是因為手寫明信片的數量越來越多，已經到我難以負荷的量了，那時有個朋友對我說：「那要不要改成手作報紙？」雖然覺得「要自己做這個怎麼可能！」但蘭徹斯特經營大阪分部的井上先生給了我範本，我就完全跟著照做了。

每當要實行什麼時，我總是想著「那個好厲害、這個也好強喔」，但輪到我自己要做的時候就覺得好困難。可是重要的來了，總之就是往前走。模仿誰都好，直到現在我都還是常常模仿別人的想法。而且就算一開始是模仿，持之以恆地做下去也會發展出自己的模板，變得熟練。

「模仿也好，總之先做做看！」這就是我的其中一個信念。

開始配送「北海亭新聞」後，不只熟識的客人，連不認識的人也會跟我說「我常常看喔」。店報的內容是在介紹附近的店家和員工，或是旅行之類的活動報告，每月替換。雖然也有我負責寫的部分，但主要的內容都由員工製作。喜歡採訪的人就負責介紹附近店家的單元，很會畫畫的人就畫四格漫畫。

店報配送後，客人的對應比過去更加溫和，奇怪的抱怨也減少了。而且，因為新聞裡介紹了員工，員工因為開心工作也更努力。

法人業務則是每月拜訪一次，遞交北海亭新聞和菜單（為了不被丟掉還護貝）。面對一般顧客也會每月一次的拜訪，於店頭放置店報和菜單。

不求回報的親切

為了實踐竹田老師的教誨「徹底了解顧客」，我毫不馬虎的傾聽顧客意見。但不是請客人填寫問卷，而是由我直接詢問他們問題。

您為什麼會來光顧？

為什麼肯經常光臨？

還有其他常去的店家嗎？

選擇店家的人是誰？

如同前述，我和客人之間已經像朋友，所以這個作業非常容易。他們還會讓我覺得「真熱心啊！」告訴我很多東西呢！

來買便當的客人如果有想要我們這樣或那樣的要求，我都會視為改善店裡的點子，好好收集。

我的客人給了我很多關於金錢、我自己和我的店該如何更好的資訊。

而且我也因為這些客人，讓自己更加成長，那是我以前沒想過的。從這點上，我發現我開始對客人懷抱感謝的心情，和客人每天的對話也有了改變。

如果有客人一段時間沒來了，我就會馬上打電話問候「最近在忙什麼呢？」無關經營，單純是種在意。

「是不是有什麼煩惱？如果有煩心的事，隨時都可以來。不用買便當啦！我會幫你倒茶，你就來喝茶啊！」

我變得能說出這樣的話了，沒有任何勉強無奈，就是自然變成這樣了。這大概是決定改變後的第三年。

變成這樣後，我的店馬上就成為大阪北攝地區五十家店鋪中的營業額第一名了。接著，就自然發想成為「下次要拿到全大阪第一，所以我可以這樣……還有……」。

人的問題讓我頭大

我從二十一歲開始就一直在做生意，但面對人的問題真的很沒辦法。我從小在學校就是領袖人物，運動也是隊長，進入店鋪後也馬上就會開始切分工作，給予工作或者動怒。

直到六、七年前，我店裡的人員流動變得很頻繁。

一旦員工對我說出「那個……店長，我有話對你說」，通常就是要辭職了。便當店有很多人工作業的部分，也就是人力需求非常大。所以人員流動頻繁，作業過程就容易不順暢。

即使向員工口頭說明作業內容，但光是聽過二、三遍還是很難記得。所以那種時候我或是比較資深的員工就會脫口而出，「吼……不是說過了嘛！自己好好想一想」，於是大家都辭職了。

前幾天也有個資深員工跟我抱怨：「都跟○○說過很多次了，他就是無法照指示做事。」於是我問他，「你說過幾次？」他回答：「大概三次吧！」

一邊工作，一邊記得耳朵聽到的新資訊（工作順序和注意事項等），並學會新技能是相當困難的事。所以我會這麼建議，「不能因為這種事生氣喔！如果你只有用嘴巴說，那就對他說一百次吧！」

新資訊要經過嘴巴說和眼睛看才容易留在腦袋裡，所以我最近製作了工作手冊。邊和員工討論，邊寫下工作的詳細順序，然後在挑出我覺得重要的地方，今後也將繼續追加、修正、改善。

此外，我底下的員工以打工族居多，他們最在意的其實就是時薪。所以我製作了評價表，「只要你到達這裡就會調薪幾十日圓喔！」每二、三個月就會召開一次會議，為每個人定下目標。

現在幾乎沒有什麼人員流動了，除了前面敘述的部分，我想和把工作現場交給他們也有關係。我除了經營戰略的學習，還有其他對外想做的事，業務和店面營運的架構也完成了，所以工作現場就全交代給員工了。每個人都一樣，只要被託付比指示更大的工作範疇，就會工作的更來勁。

過去因人的問題吃了不少苦頭，現在則是變得非常順利。

人格改善

我原本認為自己是個個性很糟糕的人，所以經營的同時決定要改變自己。本書的作者栢野先生提出了「夢、戰、感」這樣美妙的詞彙，對我來說正中紅心

「夢」——決定目標

「戰」——學習正確的做法（戰略）

「感」——感謝顧客、家人、員工讓今天又平安的過去了

為了實踐這三點，我每天晚上會決定隔天要做的十個事項、學習蘭徹斯特經營，睡前花一分鐘感謝員工和顧客讓今天也平安度過。

現在朝著目標前進一事讓我樂在其中，所以不再去夜生活繁華的街道，也不和那些美麗的姊姊們玩了。早上起床後刷完牙連飯都不吃就去店裡了，因為覺得慢吞吞的太浪費時間了。

鬧鐘響了兩次就會被我按掉，按掉後我會從一數到十。因為我打拳擊很長一段時

間了，只要數到六左右就會彈跳起來（笑）。然後直接去公司，從起床到躺下睡覺前的全部時間，我都在工作。

現在我的工作內容有整體的組織營運、思考戰略、和外部人士見面、學習經營，以及好好想想新事業之類的。身為戰略領導人則是負責和顧客見面、談話，並在外面推展業務等。我也會參加外部的讀書會，遇見蘭徹斯特經營大阪分部的井上先生和讀書會的夥伴們，還在那裏學習經營真的太棒了。接觸努力的經營者後覺得大家的說話方式和聆聽、接待方式、禮儀實在很優秀。在讀書會裡除了經營還能學到這些，我實在非常感謝。到了這般老大不小的年紀，幾乎不會有人願意跟我說些細節上該注意的事。

接下來的目標是……，我在大阪府已經成為第一了。但我並沒有想著「接著要成為全國第一」，這十年來的營業額已經從六千萬日圓達到一億日圓再多一點了，便當店能有一億日圓的銷售額實在非常辛苦。

雖然做營業額一億數千萬日圓、全國第一的北海亭便當店也很好，但我開始思考別的事業目標了。（作者註：如同這個宣言，岩田先生確實之後就離開便當連鎖店，現在是專做外送的便當店，並且也有相當優秀的壓倒性業績。）

不管做什麼都一事無成的我，終於逆轉了一點人生。窮途末路，請教鄰近的美容院，遇見竹田式蘭徹斯特經營。在那裏不單單是努力，還第一次得知正確的做法和經營戰略。最重要的，就是顧客和員工、周圍的人對我灌注了成長的能量。

去年，我訂立了人生三十年計畫。從今年開始，接下來的三十年我都會卯足全力，請各位也立下個大的目標向前努力。

岩田先生的故事如何？

他在谷底時雖然和我有過討論，但我認為當時並沒有給他幫得上忙的建議。應該只說了「如果是連鎖加盟店，要不要去問問總公司？」就沒再理他了。

我們來列一下為了獲利，岩田先生做了哪些事。

- 為顧客寫下明信片
- 記住客人的名字，並以名字稱呼
- 製作顧客名單
- 偶爾致電顧客詢問近況
- 為來店顧客端茶遞水
- 鎖定業務區域
- 鎖定客群
- 除了來店顧客，增加針對營業場所的外送服務
- 對外進行拜訪
- 維持和顧客之間的聯繫製作店報
- 在店頭貼上員工的自我介紹海報
- 製作工作手冊
- 舉辦招待顧客的活動
- 製作聚集顧客的社群
- 使顧客成為常客、粉絲、信徒

有一部分認真的美容院或業務員會寫明信片，而「鎖定地區」和「重新檢討客群」對竹田式蘭徹斯特經營的讀書會夥伴來說是常識。

但是，便當店業者為顧客寄出明信片、製作顧客名單、到處臨店拜訪這些事倒是沒有聽過。岩田先生在竹田式蘭徹斯特經營的ＤＶＤ讀書會知道「正確的做法」後，學習鄰近的美容院等，模仿實際被執行過的事，得到了良好的結果，這令我非常驚訝。

於此同時，也加深了我們這些紙上談兵、滿腹理論的顧問，極大的自信。透過竹田式蘭徹斯特的觀點，我們再來回顧一次岩田先生的經營改革吧！

小公司／店家的規則

岩田先生在第一線「拚命努力」了，但花了好幾年也沒有結果。但是知道「正確的做法」，實踐之後就有結果了。那不光是便當的製作方式或有精神的打招呼等每天在店頭反覆多次的行動（也就是戰術），而是因為他重新看待店鋪的「戰略」，決定「地區」和「客群」。

雖然透過不同的便當、不同的接待方式和傳單能實際看到第一線（也就是戰術），卻看不見該專注於什麼地區、什麼樣的客群，也就是所謂的「戰略」。岩田先生學習了「戰略」，然後將它落實到第一線的「戰術」（也就是明信片、店報、臨店拜訪等），結果就是讓年營業額增加為原本的一點五倍。

古人云：「三分戰術，七分戰略。」第一線的「戰術」當然重要，但店鋪和公司整體的正確做法（也就是戰略）更重要。

員工是戰術，老闆是戰略

「戰術」和「戰略」兩個詞看起來相似難辨，以棒球來舉例的話，可以說投手和打者是戰術，教練的團隊配置是戰略。投手該如何阻殺對方打者？打者該如何打出安打？教練該如何在比賽中勝出？

以公司來說，員工是戰術，老闆是戰略。

以店鋪來說，店員是戰術，店長是戰略。

店鋪的美味料理或是接待顧客的調理是戰術，而思考該以何種料理面對某一客群，並推出促銷提升業績，以及為了達成目標的準備，還有店員的錄取、養成，外加資金等有關店鋪整體的配置（即經營策略）就是店鋪所有者，也就是店長的工作了。同時負責料理和店鋪經營的是主廚兼負責人，小公司的社長不論第一線或業務、經營都要做，常常身兼多重職務。

所以，不自覺就會埋首眼前的第一線工作（戰術），把思考公司整體的經營策略放到後面了。戰術對了就能馬上得到成果，但戰略的效果則是中長期後才會顯現。岩田先生從年營業額六千萬日圓到達一億日圓，並成為大阪府所有連鎖加盟店的第一名，這是每年都讓業績成長一位數的結果。

此外，採用的戰略應該依據自己和顧客、競爭對手之間的關係改變。必須了解顧客，也要充分瞭解你的競爭對手。但一般來說，光是自己的事就忙到挪不開手了。

兵法書《孫子》有句名言，「知彼知己，百戰不殆」，經營就像這句話一樣。因為經營就是自己和競爭對手的「顧客爭奪戰」。

請銘記在心，「知彼知己知客後，百戰不殆」。

自己、對手、顧客

岩田先生驚覺「戰略」後，為了瞭解顧客而不停做問卷和聆聽顧客心聲。而且為了更了解對手，他還去了附近的競爭店家和餐廳大約三十間店，為了知道人家到底是什麼樣的店，甚至假裝兼職或轉職應徵者和對方面談（這是我前幾天才祕密打聽到的）。中小、零售企業會對顧客做問卷調查的本就不多，會做成這樣的經營者更是難得一見。

「會這樣仔細調查競爭對手和顧客樣貌的人應該很少吧！我現在在這一帶大家都認得，不能去面試了。」岩田先生這麼說。

大企業有顧客服務的專門單位，他們負責調查顧客的心聲，負責行銷或經營策略的單位則調查競爭企業，理所當然能以這些為基礎思考戰略。但是，小公司並不十分了解競爭對手，也不了解顧客，老闆卻在第一線施展戰術，如同過去的岩田先生，只是「自己拚命努力了卻看不到成果」。

要在哪裡購買商品或服務由顧客決定，該顧客是拿怎樣的競爭對手互相比較、基於什麼理由選擇我們公司或其他公司呢？

自己公司的商品或服務為什麼被選中？為了理解這點，必須以「自己公司、顧客、競爭對手」三個方向客觀的分析「商品、地區、客群」，知道「自己公司的優勢，也就是顧客會選擇的原因」。

「才不呢，和那個沒有關係。靠直覺、做喜歡的事就會成功，擁有夢想、希望和火焰般的熱情，為了眼前的顧客拚命去做，一定能達成目標。」一定也有這樣的人，現實中一定也

顧客
×
競爭對手　自己公司

成功人士會在這三點之中思考

蘭徹斯特經營株式會社　竹田陽一

有這麼相信而成功的人。但是，仔細觀察這樣的人你會發現，他們其實是天生的商人，本人雖無自覺卻在研究對手和顧客，並經常策略性的行動。認為生命第一、金錢第二的顧客，其實是很客觀的。了解能夠客觀檢視「自己公司、顧客、競爭對手」的「戰略」，對經營有絕對的幫助。

為了不變而持續改變

岩田先生因讀書會知曉「戰略」，在第一線持續實行新的「戰術」，不停改變經營模式。成功人士的共通點就是，他們經常且不停地改變。不滿足於現狀、經常改變，正是為了持續獲利而不可缺的。

過去，拉麵一風堂的河原成美社長曾向有名的僧侶松原泰道師詢問「有恆」這個佛教用語的意思。接著，他得到這樣的回答。

「有恆？那就是進入諸行無常。」

有恆就是經常存在，諸行無常則是所有的事物無法挽留常駐（世界上的所有事物都會改變）。

據說河原社長理解為「為了時時刻刻都在變化的世間萬物，自己必須不停改變」，然後道謝「原來如此，我懂了！謝謝您」。

社會（市場環境或競爭對手或顧客）必定進化，好吃這個味道感覺的基準也會變化。隨著時代變遷也會出現新的競爭對手，如果一風堂不變，則支持到現在的麵和湯將落後於時代。

「哎呀！一風堂每次吃都很好吃耶！接待方式也很舒服，店面感覺也很好。」

為了讓客人說出「你們一如往常的優秀」，自己就必須經常改變。

「為了不變而持續改變。」

這就是一風堂的社訓。

這句話能套用在所有事情上，為了維持體型和肌膚狀態，必須每天努力。不論是運動或飲食控制，若毫不努力，肚子很快就跑出來了。不只是為了良好狀態，為了讓良好狀態能持續，還必須為改變努力。

第 2 章

弱者的戰略，強者的戰略

要在競爭中得勝有規則，那就是「戰略」，而戰略是有固定模式的。如孫子兵法、戰國武將的兵法、蘭徹斯特、彼得・杜拉克、麥可・波特（產業競爭的五種作用力和價值鏈）、菲利浦・科特勒（STP理論）等，箇中奧妙就交給其他專門書籍，本書要介紹岩田先生也學習的「竹田式蘭徹斯特戰略」。

蘭徹斯特戰略是由汽車、航空工學的英國工程師蘭徹斯特（F. W. Lanchester）發表，他因第一次世界大戰爆發的得出二個法則。如前所述，美國於第二次世界大戰活用在軍事戰略，戰爭結束後，日本企業將蘭徹斯特法則套到經營面活用。日本研究蘭徹斯特法則的先驅者有奧村正二、林周二、斧田大公望、田岡信夫等人，現在則以NPO法人蘭徹斯特協會和蘭徹斯特經營的竹田陽一為首，有多位顧問和講師在各地活躍。

蘭徹斯特戰略的其中一個特徵就是明確區分，具壓倒性優勢的第一大企業會使用的「強者的戰略」，還有第二名之後的「弱者的戰略」。這二者的做法完全相反，而且理所當然的，社會上幾乎所有公司處於第二名之後。其中佔百分之九十九點九的中小企業或個人事業該採取的戰略，毫無疑問的就是「弱者的戰略」。

就算是業界龍頭那樣的大企業，後來發展的新事業或子公司、新商品也會站在「弱者」的立場，該採取的戰略當然會完全相反。

我整理了一下「強者的戰略」和「弱者的戰略」。

「強者的戰略」第一名的公司，或是大公司多為——

1. 綜合第一主義、整體第一主義
2. 以市場規模大的商品、地區、客群為主力
3. 擴大商品、地區、客群的範圍
4. 利用電視等華麗的媒體廣告宣傳

5. 透過商社或仲介管道一口氣拓展至全國零售店間接販售
6. 重裝備
7. 模仿新進或第二、第三名以擊潰他們

「弱者的戰略」業界第二名之後，中小零售企業——

1. 小規模第一名、部分第一主義
2. 和強勢企業的差異化，和強者不同的做法
3. 不和第一名爭，也不讓排序後者勝過自己
4. 為了找出容易得勝之路，針對對象分工
5. 強化優勢，捨棄不擅長的路線
6. 直接銷售給終端用戶
7. 業務推展採直接接觸顧客
8. 業務地區重視鄰近區域，鎖定範圍
9. 鎖定一個實行目標，個別目標達成主義
10. 目標集中一點

11. 組織改革，不問過去實行新事項
12. 輕裝備，不虛榮
13. 長時間工作
14. 隱藏自己公司重要的經營資訊，隱密戰
15. 弱者不聲張，一點點成功無法改變生活

——（出處）竹田陽一「戰略☆社長」（DVD版）內文

冷靜思考後會知道，小公司和大公司做一樣的事絕不可能勝利。不管哪個業界，一定都有比自己更大更強、歷史更悠久的公司。員工五人的公司，若設定對手是員工五千人的公司，以同樣的商品、同一群顧客、同樣的銷售方式是絕對贏不了的。

二〇一一年在東証Mothers（二〇一二年，東証一部）上市的網路徵才廣告公司Livesense，其經營者村上太一以史上最年輕二十五歲就上市引起話題。Livesense採取錄用決定前刊登免費的成功報酬型模式，營業額約五十億日圓（二〇一五年度）。和年營業額超過

一兆日圓的瑞可利公司相比自然弱小，但已經為不管錄取與否都要付廣告費用的徵才廣告業界，開啟了新的一扇窗。

而且，同公司的轉職網站還可以讓前員工匿名寫下過去工作單位的相關評價，就像亞馬遜或食記那樣。這和宣傳式的徵才廣告不同，匿名評論裡寫的是辛辣的意見或內心想法。這才是求職者想知道的真正資訊，雖然企業主對於批評的評價會不停要求刪除，但除了惡意評論，網站都原文照登。這可說是擁有大量顧客的瑞可利那種大公司做不到，以一點突破為目標的創投企業才能辦到的優秀弱者戰略。

前面列出的「弱者的戰略」有十五項，現在再把它們細分為四類。

1. 差別化——弱者要做和大公司不同的事
2. 小規模第一——弱者以小規模第一、部分第一，某項第一
3. 一點集中——弱者不要什麼都做，集中於一點
4. 肉搏戰——弱者要直接面對終端用戶

孫正義也在用的「孫子兵法和蘭徹斯特」

明言蘭徹斯特「弱者的戰略」乃基本的孫正義，於二〇一〇年開設自己也擔任講師的經營學校「軟體銀行學院」，請立刻上網看看YouTube上的「開校式」影片。

開始十分鐘後，孫先生在學院學生面前說：「如果把想教你們的東西寫成一頁，不管是二十年、三十年後，把教你們的東西寫成一頁結論，那就是這二樣兵法。」螢幕上映出下面的畫面。

「蘭徹斯特法則＋孫子兵法＋孫正義經營實踐」

「孫子兵法＋孫正義經營實踐」就是孫正義的二樣兵法，於此之上再加入蘭徹斯特思考方式。

軟體銀行現已成為集團營收九兆日圓的企業，並發表今後將執行「強者的戰略」和決算發表。但是從一九八一年創業後約十年，一直是集中電腦軟體經營的零售商。當時的電腦是以業務用的大型電腦或辦公室電腦為中心，個人會購買電腦的乃狂熱少數。因為市場狹小，所以沒有任何專門經營電腦軟體的公司。在大公司無視的狹小領域裡，軟體銀行成為第一，甚至有某段期間光是電腦軟體的銷售就達到市占率八成。

經營海外旅行的HIS三賢旅行社澤田秀雄會長也說過「我從創業期開始，就是實行弱者的戰略才有今天的成功」。

「一般的旅行社，不管哪一家都是什麼都做、什麼都賣。但我知道，那是已站穩腳步的大公司的戰略。」

所以他把商品方向集中在海外廉航機票、客群以學生和個人為主，先拿下海外旅行領域的第一，國內旅遊之後再做。

以SUPER DRY起死回生的朝日啤酒名譽顧問中條高德也在演講時提到，「當時，面對市占率六成的強者麒麟啤酒，只佔一成市場的朝日以SUPER DRY一決勝負。只能使用弱者的戰略來以小勝大了」。

我再重複一次，小公司和大公司做一樣的事情是不會贏的。弱者和強者對抗時，使用「差異化」（做不同的事）和「一點集中」才是有效戰略。

「第一名以外的就是詐欺」

我的朋友，一個後發先至、納稅金額日本第一的美容外科THE CLINIC院長山川雅之也說：「第一名以外的就是詐欺。」

詐欺這個詞雖然強烈，但意思可以這樣解釋，「如果第一名是對顧客最有用的，第二名就某種程度上來說就是會讓顧客受害上當了。所以，對顧客來說，第一名以外的就是詐欺。考慮到要真正對顧客有益和做出貢獻，不做到第一那就別做了」。

當然，這裡說的第一名並不一定是指成為日本第一。只要專注於特定的「商品」、特定的「地區」、特定的「客群」，不管是中小零售企業或是個人事業，一定都能找到小範圍的第一名。

岩田先生在獲得便當店的成功之前，也經歷了串燒店、拉麵店和便利商店等各種失敗。把「商品」特定為便當，宅配「地區」縮小為以前的三分之一，並將宅配「客群」專注在中小法人，這些就是他成功的其中一個原因。

過去常聽聞「中小企業如屏風，一開展就倒」，但對大企業來說，拓展業務範圍並成功也不容易。說到外食界的大企業，麥當勞或CoCo壹番屋是專業的。但他們在職業體育項目上，也就是棒球或足球，就沒有所謂的一流選手。因為興趣做這個、做那個當然沒問題，但這種想法在職業體育或商業可無法成功。

興趣和職業體育有什麼不同？答案是能不能賺錢。

興趣只要自己和伙伴開心就好，職業選手就要在比賽中和對手競爭，並讓比賽滿足粉絲期待，好讓想將粉絲變成顧客的企業能有入場費、電視轉播費或贊助等各種收入，打興趣的或業餘棒球隊是賺不到錢的。

商業的世界也一樣，如果只是做興趣的，推出到處都看得到的商品或服務，那就不會得到顧客青睞，自然賺不了錢。運動和搞笑藝人或生意人都一樣，只有比對手更突出，讓獲得滿足的顧客從口袋掏錢的才叫專業。要成為專業人士，並不需要什麼都做，只要深耕、集中於一點。

你能成為「小範圍第一名」的「商品」、「地區」、「客群」是什麼？

職業體育選手或許不成為全國頂尖的等級就沒有飯吃，但佔社會大半的普通買賣只要鎖定業務「地區」和「客群」，或將「業務」做出差異，就有無限的可能性成為「小範圍的第一名」。

經營的八大項目（竹田式經營模式）

在詳細解釋前面的「弱者的戰略」四大類型前，先解釋更前端的八大項目，經營的八大項目如下。

①商品（什麼）
②地區（哪裡）
③客群（對象）
④業務（如何找出新對象）
⑤顧客（常客、粉絲、信徒）
⑥組織（包含人事、研修、幹勁、活力等）
⑦資金（資金調動與分配）
⑧時間（工作時間、工作方式）

按照順序一個一個來看。

經營八大項目之一——商品

第一點，要做什麼呢？職業？工作？天職？

自己喜歡的事能混飯吃就最好了，但事情沒有這麼簡單。每個業界都有與對手的激烈競爭，而買或不買則由顧客決定。能和對手做出「差異化」，成為「小範圍第一名」的商品、工作是什麼？

弱者必須「集中於一點」，專注某事。

「人有無限的可能性，但只能選擇一點。」

這是拉麵連鎖店一風堂社長河原成美的名言，但河原社長其實到四十五歲前除了拉麵店還開了居酒屋、燒肉店、章魚燒、咖哩店，以及販賣淨水器和經營電腦教室。因為是個什麼都會的人，所以想嘗試無限的可能性。

但他在四十四歲時集中火力於拉麵店，並得到飛躍式的成長。因為我和河原社長已經認識很久了，看到他的改變我也嚇了一跳。人生只有一次，所以想做什麼喜歡的事都是個人自由。然而，居酒屋、燒肉、章魚燒、咖哩……各個業界都有自己的專業。不只年收入超過五百億日圓的大型連鎖店，老闆獨立經營的個性小店也所在多有，不是因為興趣就多角化經營的店舖能勝出的簡單世界。

「人有無限的可能性，但只能選擇一點。」

你的「那一點」會是什麼？

經營八大項目之二——地區

找尋容易成功的場所

這來要思考的是，該選大都市還是地方城市？同是市區的話，該選中心還是郊外？最大範圍和重點地區又是哪裡？「和強勁對手的差異化加上一點集中」——自己能取得小範圍第一名的地區是哪裡？

岩田先生過去的便當宅配對象是機車單程二十分鐘、直徑五公里內的五萬二千戶，然而完全不賺錢。後來學習了地區戰略，注意到他設定的範圍太廣。因此將業務區域縮小到三分之一，想做到此地區的宅配便當第一名。結果，年營業額成長為一點五倍，人均經常利益也上升至二倍，這是如畫一般的地區戰略成功實例。

雖然平常不會注意到的事情很多，但其中最厲害的敵人就是移動時間。範圍一大，則顧客的密度就小，配送量低的商業行為最後只會變成窮忙。請回想一下，移動時間的營業額是零，只有車資等成本持續增加。為了減少這種無意義的成本，必須盡可能的在狹小地區裡擁有密集的顧客。換句話說，目標是有限且狹小地區裡的第一名。成為第一名後就會變得醒目、容易被記住，不花錢的口碑行銷也增加了，利益確實成長。

說點輕鬆的，雅滋養在販賣青汁三年後，也就是一九九四年，原本只在產地九州使用的廣告傳單也開始在東京地區發送，一年後年營業額從七億日圓倍增至十四億日圓。這是鄉下中小企業在大都市獲得成功的稀有案例，他成立的理由是，當時在健康食品這塊並沒有強勁的對手。

經營八大項目之三——客群

無法戰勝的客群就乾脆放棄

在福岡是經營教練式領導和研修事業的株式會社On Line代表董事白石慶次，在將針對企業的研修課程改為針對職業婦女後，營業額增加為二點五倍。因為針對企業的教練式領導或研修已有很多對手，競爭激烈，但針對職業婦女的強勁對手還不存在。外加白石先生是個帥氣的單身男子，以年輕女性為對象這點也收到成效，要是我可就做不到了（笑）。

竹田陽一拒絕大企業的幹部或員工研修課程，只以男性中小企業經營者為對象。「大企業的員工研修課程雖然比針對中小企業經營者的市場更大，但對手中有很多是時尚又俐落的講師。」竹田陽一如是說。

「我對上班族和ＯＬ特別沒辦法，我比較擅長和中小企業的社長應對。四十歲以後，我實在沒辦法再做自己不適合的事了。」

以人為對象時，就會有所謂適合自己個性的客群呢！

岩田先生的客群則是男女老幼到家庭主婦都是，宅配方面則將事務所、店鋪、建築工地視為重點。至於法人客戶則鎖定員工五至二十人的小型企業，二十人以上的企業因為專營宅配便當的對手價格太優惠，自己無法勝出，所以割捨，完全實踐選擇和集中二項戰略。

經營八大項目之四——業務（新客戶開拓）

以傳統、麻煩、低俗和大企業做出差異化

「前幾日，我讓月收僅有五萬日圓的美食網站，靠廣告和評論增加了新用戶，還讓他們從瀕臨破產變成月收超過一千萬日圓」，指導餐廳經營的顧問大久保一彥興奮的這麼說。年輕顧客在尋找新的餐廳時，通常會在網路上搜尋口碑評論做為參考。因為網路出現，顧客行動也改變了。

由我擔任廣告文案的某英語會話學校也是，在我將他們每月於當地雜誌登廣告的文案標題改為「夢想理想的笨蛋英語會話學校」、「認真又嚴格」，年營業額從原本的三千萬日圓，一年後變成六千萬日圓，二年後變成一億日圓。當然，商品（學校的教學內容）本身就

很優秀，但「笨蛋」或「嚴格」這種詞彙能吸引顧客注意，於是詢問度和申請的人數都增加了，這就是在廣告業務上做出差別。

針對法人的業務還有一個訣竅——「傳真廣告」，我有個主辦士業（各種類型的顧問）講座「武士顧問塾」的朋友柳生雄寬，他在開拓新客戶時，最主要的做法就是針對各地區從事士業的人士以傳真一同發送廣告傳單。從事士業的人以中高年且不太會用網路的人為多數，這種傳統的促銷方式似乎很有效。

反過來，我也有活用網路提升業務成績和營業額的朋友。長年於工作機械商社工作後獨立創業的鈴木佳之，創業後一年，就進入存款歸零的窘境。但是，經過某個顧問給他的建議，他開始在YouTube上傳促銷影片。此舉讓他從第一年年營業額二千四百萬日圓，進入第四年就超過二億日圓，於夫婦零售自營業者中成功大逆轉，這個故事我會在第六章「個案研究二」再詳細介紹。

以經營便當店的岩田先生為例，基本業務就是拜訪問候。如果是一般的便當店，所謂業務就是投遞傳單，但不停滯於此，多往前跨一步的「傳統肉搏戰」更是一招好棋。比起雜誌廣告或家庭傳單，親自問候的傳統肉搏戰更能給顧客帶來強烈的印象。說到拜訪問候，其實也只是去一趟事務所跟見過面的人元氣十足的打招呼，遞給他們傳單後就走了。並沒有強硬的推銷，所以習慣這個作業後其實也可以讓兼職員工執行，只是幾乎沒有便當店做到這個地步，這就是岩田先生的便當店和其他餐廳的差異化關鍵。

經營八大項目之五——創造常客

把新顧客變成常客、粉絲、信徒

岩田先生實踐了以下幾件事，「為來店者遞上手寫明信片」、「製作顧客名單以名字稱呼對方」和「搭話」。

後來還配送店報，甚至和顧客家人一起舉行巴士旅遊、組成跑步團，進行各種活動。說到這一切的起源，不過是模仿隔壁美容院寄出明信片而已。但這在客單價低的便當店實行，成本能夠負擔嗎？

其實，他的道謝明信片並非所有顧客都會拿到，而是只針對常客寄出。每周來一次的話，雖然單價僅五百日圓，一年就會有二萬五千日圓。如果是家庭，則有五萬日圓以上，如果企業常客一年要做到十萬日圓以上也很有可能。計算一輩子會來買幾次，也就是考量所謂的生涯價值，乍看不合成本和勞力付出的明信片和店外活動，就會有超過已投入成本含勞力付出的價值（當然，因為單價只有五百日圓，如果客人一輩子只會來一次，做到這個地步就沒有意義了）。

現在，他針對重點區域的個人顧客送上手作店報，企業拜訪則是每月進行。店報是A4大小，有電腦排版也有手寫的部分。拜訪問候則如前述，只是帶著菜單去事務所或店舖打招呼。

但不管怎麼說，「決定一個月要做一次，而且要持之以恆」，岩田先生的執行力和續航力十分優秀。戰略和執行是經營的雙臂，特別是執行力，不管多麼優異的戰略，若無法執行則沒有意義。現今美國在教育方面最新的話題就是，如何在小的時候就學會「GRIT」（恆毅力）。這種眼睛看不見、在經營學這門學問中也不太被注重的能力，近來卻明顯地在商業中變得重要。岩田先生的決斷、執行、持續的能力，還有幹勁與熱情，包含開朗笑容這樣的個人魅力——讓人很想學習呢！

經營八大項目之六——**組織與人**

提高員工的工作動力

以岩田先生為例，過去因為易怒，人員流動也非常頻繁。但是現在，正職的三名員工和兼職的十名員工幾乎沒有什麼變動。關於其中緣由，岩田先生說：「我們一起製作工作手冊、進行教育，後來就把工作交代給他。結果，他好像變得越做越有興趣了。」

此外，製作北海亭新聞和在店頭貼出付上照片的自我介紹海報，應該也有助於提高員工的工作動力。因為店頭的自我介紹海報，他們也變得有點名氣了。而且每個人在店報裡都有自己負責的單元，他們寫下的報導每個月都會露出，並有三千五百名以上的讀者。這可以成為和顧客對話的話題，有助對話進行。於是員工和顧客間的溝通更深入，這也和工作幹勁產生連結，製造出良性循環。

經營八大項目之七——資金、現金

店面或設備等，不花多餘的錢

這裡要談的不是困難的財務或會計，而是要推薦你質樸簡約。很意外的，許多創業者都會為了設備或店面借了過多的錢來花用，甚至和廠商交易時也經常莫名的付出更高的金額。

獨立創業時懷抱夢想，周圍的人也多給予祝福。但其實那大半是摸頭拍手式的社交語言，經營者卻一廂情願的誇大自己，表現對錢出手大方的模樣。我也曾因為這種虛榮心吃了好幾次虧，經過統計，這些人僅經過一年就有二至四成決定歇業。創業之前，應該先存夠一年以上的生活費才適當。

說個題外話，有小孩的人應該先購買人壽保險。不是普通的定期保險，而是選擇終身等不同期限的儲蓄型保險。這種類型的保險會每個月強制從戶頭扣除保費，這個強制自動扣款就是我推薦的原因。

其實我以前就因為工作量急速減少，存款也要見底了，正想著該不會要進入借錢人生時，想起了我有幫兩個小孩購買保險的事。加上自己的定期險若是解約，可以拿回已支付保費的九成。這樣說可能有點低俗，但儲蓄型保險在這種緊要關頭真的幫上我的忙了。

現在偶爾還是能聽到被逼到窮途末路後，把自己和小孩的保險解約，得到生活費的例子。不論公司或個人，這種強制扣款的儲蓄對自甘墮落的人是最強的幫手。

經營八大項目之八──**時間**

長時間努力者勝

這是竹田陽一從以前就一直提倡的原理。

「要成功就必須努力，而努力等於工作時間，換句話說就是要早起開始工作。」

商品力或業務力等，若品質和程度不相上下，則要得勝的關鍵就是量的多寡。為了提升品質，練習量就顯得重要。讀書、運動或工作都一樣，為了獲勝就必需長時間的努力。飛機起飛時也是，起飛所需的燃料費是水平飛行的三倍以上。而創業後剛開始營運時，為了使生意上軌道必須拚死努力，這是單純易懂的吧！會把這點列入經營戰略的項目之一，也許經營顧問竹田陽一就是第一個呢！京瓷稻盛和夫的「不輸給任何人的努力」和日本電產永守重信

<table>
<tr><th colspan="3">經營的整體樣貌「竹田式經營模式」
攬客對象×攬客智慧×攬客資源</th></tr>
<tr><td>1. 商品（什麼）</td><td rowspan="2">4. 業務
（如何販賣）</td><td>6. 組織（人）</td></tr>
<tr><td rowspan="2">2. 地區（哪裡）</td><td rowspan="2">7. 財務（資金）</td></tr>
<tr><td rowspan="2">5. 顧客（維持寄存顧客的方法）</td></tr>
<tr><td>3. 客群（對象）</td><td>8. 時間
（工作方式）</td></tr>
</table>

的「知識的努力運作」也是一樣的道理。

「弱者的戰略」四大類型

講完經營的八大項目後，終於要進入「弱者的戰略」四大類型的解說。這裡再說一次「弱者的戰略」四大類型。

①差異化──弱者要做和強勢企業不同的事
②小範圍第一名──弱者是小規模的第一名、某項目的第一名，總之是某種第一
③一點集中──弱者不要什麼都做，專注一項
④肉搏戰──弱者要直接對應終端客戶

接著我們就一個一個來看。

弱者的戰略之一──差異化

和別人一樣就糟了

這是山川雅之醫師的名言，三十出頭的美容外科醫師要從福岡這個地方城市贏過既存的大型對手，做一樣的事是不會得勝的。大公司如果是綜合美容外科，那我們就專門做消脂。廣告方式也不使用已滿是對手的媒體，而是把力氣花在當時還不大眾化的網路。因為商品和業務都集中一點而得到成功，當他被登上納稅大戶列表時真的嚇了我一跳。隨後，他就擔任了第一〇二屆日本美容外科學會的會長。

這是一個很明顯的道理，弱者想要生存就不能和強者做一樣的事。小孩和大人站在同一個競技場內做一樣的事，怎麼會贏呢？不要和強敵戰鬥，選擇沒有比自己更強大對手的市場，或是強勁對手比較少的市場。為了得到客戶青睞，必須在市場（商品）、地區、客群、業務方式這些地方做出差異。

這裡我想問個問題，接下來三個狀況你會怎麼選擇？

1. 隨處可見的商品和隨處可見的銷售方式
2. 隨處可見的商品和沒看過的銷售方式
3. 沒看過的商品和沒看過的銷售方式

這是雅滋養創始人在講座內學到的，1是商品和銷售方式都和對手一樣。結果就是變成價格戰，賺不到錢。多數的公司都是1這個狀況，2是商品相同，但在銷售方式做出差異性。例如便利商店和超市，雖然賣的商品一樣，但能以距離或營業時間做出區別。便當是個隨處可見的商品，但岩田先生能叫出常客的名字，還為來店者端茶送水。甚至寄出手寫明信片給熟客，還一起參團巴士旅行。雖然賣的商品和其他家一樣就是便當，但他在銷售方式做出了極大的區別。

3是最理想的狀況，將沒人看過的商品以沒人做過的銷售方式做出最大差異性。當然，前提是這個市場已有一定數量的顧客。

雅滋養一開始是以隨處可見的商品（綠球藻和明日葉），透過沒人做過的銷售方式（當時還沒什麼競爭者的傳單郵購）做出差異性。之後，以1至3的狀況提示，發想沒看過的商品（也就是原創商品），於是「養生青汁」誕生。

當時，同樣位於福岡的Q’Sai冷凍青汁熱賣中。它的原料是高麗菜的改良品種羽衣甘藍，但味道不佳，而且因為是冷凍產品，必須解凍後才能飲用。雅滋養創始人則是再加入大麥若葉、薏仁等消除苦味，並透過冷凍乾燥技法製成粉末，做成長條小包裝，可隨時隨地飲用使此商品做出的差異性。同樣是青汁，把商品從難喝的飲料變得好喝，銷售方式也從直接銷售變成傳單郵購，這就是差異化。

Q’Sai和雅滋養的成功已超過二十年，但現在青汁或其他健康食品的販賣市場已滿是競爭者，是很難再做出差異化的狀況。

同樣位在福岡、曾創下二百五十億日圓銷售額的健康食品郵購公司創始人說：「健康食品的郵購時代也結束了呢！現在對手太多了，已經是紅海。」但這是指目標年營業額五十億日圓或一百億日圓以上的狀況，不論何種業界，透過和大企業的差異性、市場區隔和一點集中，一定能找到小眾的利基市場。

以青汁來說，有限會社春秋販賣的手作完全無農藥春秋青汁就是個好例子。販賣手作「大蒜丸子」的廠商或春秋都是零售企業，也因此製造大企業做不到的手作、麻煩的新鮮出爐商品就是他們能做的事。雖然客群也不一樣，但他們確實在競爭中生存下來了。

——弱者的戰略之二——小範圍第一名——

人只會記得第一名，第二名之後的不會記得

除了商品採購，最花錢的就是營業成本了。負責業務的人事費、廣告費、店租等經費加起來，毛利的大半都用在營業相關方面。理想當然是能不花經費就讓顧客增加，以京瓷的想法來說，就是「最少經費創造最大銷售額」。

不花大錢就能有效促進銷售的方法在哪裡？我會說是「口碑」或「介紹」。比起傳單之類的，自己朋友說出的介紹更有數十倍的可信度。但要靠「口碑」或「介紹」推廣某公司的商品或服務，則還需要某些「勳章」，最容易被理解、也最有影響力的就是「第一名」這個稱號。

「日本最高的山是？」這個問題應該沒有人答不出來，但若繼續問：「那第二高的呢？」能回答出「北岳」的人數就會大幅減少。至於第三高，就留給猜謎節目好了。

換句話說，人雖然記得第一名，卻對第二名以後的毫不在意。如果有人問你「這附近有好吃的拉麵嗎？」你應該也是介紹對方你心目中最好吃的店吧！應該不會故意推薦他第二名

的店，因為每個人的心中都會想要幫上對方的忙、使他心情愉悅。這就是關鍵，成為某項目的第一名後，口碑評價和介紹就會一口氣增加，就結果來說就是利益上升。

要成為日本第一很辛苦，但是縮小領域或地區，一定能找到小範圍的第一名。在福岡市大濠公園北經營自家烘培咖啡「阿部咖啡」的阿部吉宏才開始經營精品咖啡店沒多久，據在千葉縣經營「坂本咖啡」的師傅坂本孝文所言，「他是以平均的三倍速在成長」。

我也是該店的客戶，而在人口一百五十萬人的福岡市內已有許多既存的自家烘培精品咖啡店。但是，在這大濠公園北地區還沒有敵手。雖非全市第一，但此店半徑一公里內可說毫無對手。

只要區隔了商品、地區和客群，任誰都是小範圍的第一名。

弱者的戰略之三——**一點集中**

「強者」什麼都做，「弱者」專營一項

例如某間在東証一部上市、員工超過一千人的住宅公司，就是「不論新建案、中古屋、

住宅翻修、除白蟻、太陽能發電等什麼都做」。

但是，一間只有五人的公司若是決定「我們也全包，也到處去」，那麼就會迅速垮掉。很明顯的，後發且資源、人力有限的小公司只能集中火力做一件事。

HIS三賢旅行社現在雖也有國內旅行的業務，但它們從創業開始十年後，商品一直只有國際線的廉價航空票券。

海外的廉價航空機票印象既差也賺不了什麼錢，客群也是以沒有錢的學生為中心。不論商品或客群，對大企業來說都沒有吸引力。所以，把火力集中於此就能拿下小範圍的第一名，這就是他們在戰略上的判斷。花了十年在海外廉價航空機票這個小眾市場，拿下日本第一，隨後拓展事業範圍做海外旅行團。接著再花十年，在海外旅行這塊也拿下了日本第一。

但是，明明看得到的旅行業者幾乎都是僅有數人的小公司，推出的商品卻是國內外都有。只要有人找就哪裡都去，每個人都是客人。

「我們明明什麼都做啊！為什麼還是沒有成果？」

「原因就出在你什麼都做（笑）。」

這是很容易理解的事，但搞錯的創業者卻有很多。上班族，特別是大企業或有數百名員工的中堅企業，他們不論商品、地區或客群都由不同的人分擔負責。但是一旦獨立創業，就

無關聯性的多角化經營會憑空解體

別被併購迷惑、別滿腹貪慾

蘭徹斯特經營株式會社　竹田陽一

會心急於一開始客源不穩定，什麼都要碰了。在當上班族時，可以跟著公司的戰略，負責各領域的戰術，但創業之後不論戰略或戰術都必須靠自己設立、執行。然而，一般的上班族不太有設立戰略的經驗，也無法客觀地看待自己被安置於戰略中位置的狀況。

害怕縮小範圍

「明確定義商品、地區、客群，集中於一點這件事我懂。但營業額不會也跟著減少嗎？」這種擔心的聲音我經常聽到。「我是廣告設計師，但我如果只做商標設計，就不會有傳單或海報帶來的營業額啊！要縮小範圍好需要勇氣，實在好難。但是，不論是栢野先生，或是其他同類型書籍、講座之類的，大家最後講的都是一樣的。縮小範圍！結果，選擇商標設計果然是正確的。」這是福岡市專門設計商標的設計師，Design Grace的根本和幸所說。

專注於博多、中洲地區半徑五百公尺的業務地區，獲得小小成功的福一不動產社長古川隆也回想，「我雖然每天都有聽竹田陽一的教材，知道他說的明確定義商品、地區、客群。道理我都曉得，但真的執行還是會害怕。因為要放下其他商品，自然也擔心創造營業額的機會不見，過了二年，我還是無法實行」。

「選擇和集中」是戰略基本之一，從多種事業機會中選擇特定商品領域，而且還要集中特定用途和客群。客觀比較自己和對手的實力，集中火力於能勝出的商品、地區、客群。一言以蔽之，就是放下其他九成機會。說起來容易，做起來難，需要勇氣和決斷力。

「人有無限的可能性，但只能選擇一點。」

前面也介紹過這句話，這是拉麵博多一風堂的河源社長過了四十歲才注意到的事。在此之前，他除了拉麵店，還經營燒肉店、居酒屋、章魚燒店、咖哩店，甚至是淨水器販售和開設電腦學校。

但是，不管哪一樣都做得不怎麼樣，贏不了各領域的專業人士。所以在四十四歲時，集中火力經營拉麵店，放棄了其他事業。結果，原先四億日圓的年營業額超過二百億日圓，大幅躍升。

弱者的戰略之四——肉搏戰

經常思考能超越對手的作戰方法

弱者戰略的最後一個類型就是「接近戰」（業務差異化）。

岩田先生因為太太常去的美容院寄來感謝明信片受到衝擊，所以也對自己便當店的客人遞出感謝明信片。後來還記下常客的樣子和名字，招呼時以名字稱呼對方。做到這些事情，客人也因為感覺親切而成為粉絲。一般來說進入某間店，只會被公事公辦的對待，客人不會有特別的感覺。

再來就是傳單，其他公司頂多投遞信箱，岩田先生的店卻是有人帶著傳單，親自前往辦公室、店鋪或工地現場問候遞出。這可說是肉搏戰了，「同樣是叫便當，那我們跟岩田先生訂好了」最後就變成這樣。

最近有很多店家會用電子郵件送出折價券，但因為對手是所有顧客一起寄送，岩田先生的店則是個別送上手寫明信片。如果對手開始做手寫明信片，則改成電話連絡顧客。對手也跟進開始打電話後，就親自拜訪會晤……如果商品力和對手相比並沒有優勢，那就只能在接待和業務上做出差異性，必須經常思考能超越對手的作戰方法。

岩田先生會和店裡的客人及他們的家人一起參加跑步社團，或是去巴士旅遊。這是超越商業程度的另類肉搏戰，對手要超越這樣的狀況應該很難。

Part 2

讓弱者肯定獲利的四大戰略

第3章

成功的商品選擇法

本章將針對經營八大項目中，對小公司而言特別重要的商品（什麼）、地區（哪裡）、客群（對象）、業務（如何創造新客戶）、顧客（創造常客、粉絲、信徒），做更深入的了解。

首先，思考商品。以岩田先生來說，他做過許多種類型的生意，但每個都失敗了，只有最後剩下的那個便當店獲得成功。但那並非便當店是個賺錢的行業，不賺錢的連鎖便當店也所在多有。

我在第二章也強調過，小公司，也就是弱者，基本戰略是以下四點。

弱者的四大基本戰略——

戰略1：和強者或大企業做不同的事情「差異化」
戰略2：不拿綜合第一，而是成為「小範圍第一名」
戰略3：不要什麼都做，「一點集中」
戰略4：和客戶直接「肉搏戰」

以下商品領域是比較容易實踐四大戰略的，那就是非大量生產、大量製造的——

- 手作、少量生產、訂製
- 市場小、小眾
- 夕陽產業
- 印象不佳或奇怪的

符合以上敘述的就是適合的商品領域。

說得更極端一點，都是大企業或精英份子看不上眼的領域。我們一個一個來看吧！

接下來，我們就來看看實踐弱者戰略的例子。

戰略1

和強者或大企業做不同的事情「差異化」

你知道「大蒜蛋黃」這個長時間細火熬煮大蒜和蛋黃的健康食品嗎？也許有人曾經在電視廣告上看過。

大蒜蛋黃原是九州南部的傳統食物，現在則成為常見的健康食品。代表企業有雅滋養和健康家族二家，光是這項商品就能夠創造五十億至一百億日圓的業績。以中小零售企業來說，能受到這二家大企業注意的福岡縣久留米市「大蒜玉本舖」（株式會社燦樹，山田一郎社長）的做法非常值得參考。

手作（麻煩的產品）

一切都從山田先生的父親在家裡用鍋子親手製作大蒜蛋黃開始，煮好的大蒜蛋黃塑形後就是此公司的主力商品「大蒜丸子」。

它的外型非常醜怪，雖然講得很過分，但我看起來就是個泥巴球。但他們並不修整外型，就這樣直接販賣。

「其他公司會把大蒜蛋黃放進膠囊裡，所以一顆膠囊只有大蒜蛋黃純粹成分的一半。我們則是直接做成丸子，成分是大企業的二倍。」山田先生說。

年營業額雖然只有雅滋養等大企業的十分之一不到，但以手作、難處理這點做出差異性，成功地使業績確實且持續的成長。宣傳則以網路為主，控制廣告宣傳費用，穩定獲利，是非常優異的游擊戰。

少量生產

養雞場是一個倒閉、歇業者很多的業種，但福岡縣八女士的「和食雞蛋本舖」不一樣。

「雞蛋是雞生出來的，而雞的好壞由飼料和飼育環境決定，所以差異化當然是從飼料和飼育環境下手。」這是社長久間康弘的想法，所以他不使用批發飼料，而是在飼料裡加入當地的八女茶、魁蒿、海藻和礦泉水等，經過多次嘗試後才有現在的「和食雞蛋」。

主要的批發單位是超級市場，而雞蛋通常和豆腐、牛奶一樣屬於價格便宜的特賣品，所以低價銷售是常態，營業額雖高卻競爭激烈，是薄利多銷、賺不到錢的商品。

「和食雞蛋」的價格是一般雞蛋的三至五倍，但總是甫上架就銷售一空。也不打折促銷，我家偶爾也會購買，它的蛋黃特別飽滿，光用眼睛看就知道和平常的不一樣。味道濃厚，感覺充滿營養。

在網路上搜尋「和食雞蛋」後，一定要看一個自稱「探究醬油和雞蛋的魔鬼」的部落格。格主瘋狂追求與和食、醬油最速配的雞蛋，而他的興趣和工作就是生產和販售雞蛋。完全就是他的天職，而久間社長則因手作、費工的商品成功和其他商品做出區隔，收益持續增加。年營業額十億日圓中，有九成為了農會超市製造的大量生產品，但今後決定漸漸減少大量生產的雞蛋，計畫減收增益，這樣才能避免陷入窮忙的窘況。

這才是真正的「手作」

千葉縣的Jellyfish有個特別的東西進行網路銷售，提示是肥皂。以為是講究少量生產的手工皂嗎？猜錯了！這個公司賣的是製作肥皂的材料和器材，也就是販賣顧客可以自己動手做的「手工皂道具組」。

不好此道的人或許會覺得「肥皂這種東西幹嘛自己做？」但對肥皂有特殊講究的女性意外地多，從喜歡自己原創香味、享受泡沫觸感的人，到想要以天然成分為中心、能溫和洗淨的肥皂，有各種各樣的需求，至於肥皂的做法則在網頁上詳細解說。

要客製化符合顧客想像的商品，必須先有「非大量生產的發想」。

再介紹一個和這個同樣觀點的商品差異化事例。

這發生在數年前，我去香川縣演講的時候。當我在會場問：「今天的參加者中誰賺得最多？」全部的人食指都指向同一個人，詢問之後得知，那是數間烏龍麵店的經營者。香川縣是眾所周知的「烏龍麵縣」，在座的是賣烏龍麵的也會覺得很平常，而餐廳又是不實際去吃一次就不知道有多厲害的產業。懷著這樣的想法，隔天早上我去光顧了，結果嚇了我一跳。

先不論店內餐點，我在收銀台的旁邊看到「元氣玉」這個東西。本以為是常見的外帶麵湯組，沒想到元氣玉指的是做成麵之前的麵粉糰。而且同捆販售的還有桿麵棍！太強了！

在那個瞬間我想到的是，帶著元氣玉回家的自己，把商品放進不易破損的塑膠袋，然後雙腳使勁踩踏麵團，再用桿麵棍推開，最後分切煮麵。要是在小孩的面前表演，他們肯定會說：「哇！爸爸你好厲害！」送人也很有趣呢！小聚會好像也可以拿來玩！

這點，對大型麵類製造商來說是很難模仿的。因為是半生熟的產品，在鮮度管理等非常麻煩，和冷凍麵食相比市場又非常的小，所以大企業就算注意到有這種需求也不會出手。

僅此一個的人偶

我的主要活動地區福岡，過去提到特色禮品一定會有博多人形。但是現在這樣的特色印象已經褪去，市場規模和巔峰時期相比只剩下三分之一。

博多人形的老店「人形後藤」也在十年前狀況探底，後來運用「弱者的戰略」再度往上爬。

「人形後藤」賣得最好的是「博多仿真人形」。

透過顧客送出的大頭照，他們製作和相片一樣的訂製博多人形。這是世界上唯一的人偶，不管是和剛出生的寶寶一樣的博多人形，或是激似八十八歲爺爺的博多人形都做得到。因為完整重現照片裡的臉部特徵，簡直跟本人一樣，不管是當事人或朋友都覺得很棒。

網頁上也登出了顧客的開心留言，其中我個人特別感動的留言來自一名訂購小孩人偶的媽媽。

「五年不見了……我的孩子。」

他的小孩應該是因為意外或生病死亡了吧！真感人。

因為是手工製作，訂單多的時候可是要等好一陣子。至於這個訂製人偶，你們猜多少錢？

我在某次講座時詢問了參加者。

「三萬日圓。」

「一萬日圓。」

「五萬日圓。」

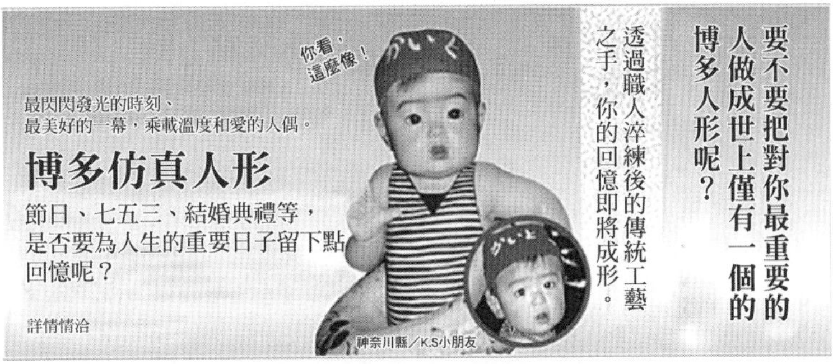
要不要把對你最重要的人做成世上僅有一個的博多人形呢？
透過職人淬練後的傳統工藝之手，你的回憶即將成形。
你看，這麼像！
最閃閃發光的時刻、
最美好的一幕，乘載溫度和愛的人偶。
博多仿真人形
節日、七五三、結婚典禮等，
是否要為人生的重要日子留下點
回憶呢？
詳情情洽
神奈川縣／K.S小朋友

博多人形老店「人形後藤」製作的博多仿真人形

答案是四十二萬日圓！

會場傳出了「咦！居然（這麼貴）！」的反應，但這可是世界上僅此一個的訂製品，還能和小孩重逢呢！這對有錢人來說可能覺得很便宜吧！對了，他們還有大型連鎖店不做的人偶修理和供養服務。

訂單來源主要是介紹或透過網路，因為博多仿真人形這個構想很有趣，媒體也會定期來採訪。訂單也會在媒體露出後增加，像這種製作起來那麼麻煩的商品，肯定沒有大量生產的製造商想加入。

你的業界是否也有這種只有中小零售企業才能做得訂製作戰？請一定要參考，像是加入顧客姓名等「手作、費工型」的、透過加工做出商品差異化的戰略，其他產業想做的話應該會比較容易。

在神社祈禱後出貨

提到點心的差異性，大概所有的人都會認為是「以味道決勝負」吧！但是，味道這回事的競爭可是很激烈的。世界上有太多好吃的東西了，把想像範圍放寬一點，就能看到味道以外的差異化戰略。

香川縣高松市的煎餅老店「宗家鑾堂」，它們的主要商品是大型「瓦片煎餅」。手工燒製的煎餅是它們的賣點，但除了這種平常就有的商品，他們也接受訂製，不管是加上留言的生日禮或印上公司標誌等都可以訂做。

至於考試季來臨時，則會販賣繪馬型的「合格煎餅」，並和繪馬包套組合。雖然煎餅上的合格文字是壓印上去的，但壓印文字的模具可是使用送到祭祀學問之神菅原道真公的瀧公天滿宮祈禱過的，祈禱影片還公開放上官方網站讓大家瀏覽。這就是關鍵所在！

接住神明的力量製作商品，這點非常厲害。

合格煎餅的價格是一般煎餅的二倍，但五片裝的大概三百日圓，還附繪馬。不論收到的人或買來送人的人，對價格應該也不會有太多意見。

購買率百分百的廣告傳單？

鹿兒島式的化妝品網購公司吉田ＩＭ研究所，實驗性地針對原顧客八十人寄出某商品的傳單。結果，竟然全部人都購買了。

購買率百分之百！你認為傳單的內容是什麼？表面的心理操作？僅此一檔？半價？

不對，都不是。

其實是針對每一個顧客，寄出手寫訊息的傳單。所有傳單的內容都不一樣，並不是單純的大量寄送。因為是原有顧客，一般的文字電子報或廣告系統自然會寄出。請想一想，就算是賀年卡，如果只是印刷品你一定打開瞄一眼就過了，但裡面若有手寫文字，就算只有一行你也會多看幾下吧！他們就是做了和這效果一樣的事。

為什麼手寫字會比印刷字給人的感覺更好？那是因為我們看到手寫文字的瞬間，就會感覺「這個人為了我花時間」、「他認同我」、「這是只給我的訊息」、「這不是大家都一樣的，是對我的問候」等，而感到高興，在心裡留下印象。

在心理學上，這點滿足了馬斯洛的需求層次理論（Maslow's hierarchy of needs）的「社交需求」。

不管哪一個，對弱者或小公司來說，商品戰略的基本不是大量生產，而該是少量生產。做到極致，則是針對每位顧客的客製化。接下來的目標是能在顧客心裡留下印象的商品，手作商品因為麻煩費工且效率不彰，大企業或強者不會輕易出手。這就是關鍵！

以前，我買過本書審定人竹田陽一的聲音教材。那是專業配音員在錄音室內錄音後的量產品，但聽到最後，我質疑了自己的耳朵。

「栢野先生！感謝你！你每個月都會舉辦讀書會活用於當地吧！今後也請繼續努力！」

沒想到竹田陽一本人還錄了一段給我的話。

因為從大量壓製的錄音教材中，居然傳出給個人的訊息，真的嚇了我一跳。

我問他是怎麼辦到的？他告訴我是看到商品預約名單後，在衣櫃裡錄了給每個人的一段話。我感動到追加訂購了其他教材，完全被他吸引（笑）。

─戰略2和戰略3─

不要什麼都做，以「一點集中」達到「小範圍第一名」

「差異化」之後該做的是「一點集中」和「小範圍第一名」。

中小零售企業不要妄想什麼都做，因為原本的力量就小，如果再分散力量就會變得更弱。即使整體力量弱，縮小範圍的話就有可能集中火力，養出贏過大企業的力量。

思考方式則求單純明快，一點集中。

雅滋養一開始也是使用一點集中的戰術，在達到年營業額三億日圓前，他們販售的都不是公司原創商品，而是採購青汁「明日葉」。之後才換成公司原創商品「養生青汁」，年營業額也來到十數億日圓。後來再加上「大蒜蛋黃」，達到三十億日圓。接著商品裡再加入「雜穀米」，達到五十億日圓。接著，黑醋健康食品「香醋」大熱賣，在推出第四種品項就達到年營業額三百五十億日圓。

健康家族光靠「大蒜蛋黃」就有一百億日圓的年營業額，手作商品「大蒜丸子」佔數億日圓。Q'Sai和皇潤的**EVERLIFE**也都是福岡網購業的「單品販售」優等生。

「把洞挖深，這樣洞的直徑就會自然變大」

這是雅滋養創始人蒲田夫婦還在只有一名兼職員工的時期，從經營計畫講座講師那裏學來的話，這剛好是能完整傳達弱者戰略的一句話。

公司規模還小的時候，如果什麼都碰，則力量分散招致失敗。專注一點，深入挖掘。這樣一來，自然就能在之後的日子產出相關商品，意思是這樣。

但要把雞蛋全放在一個籃子裡很需要勇氣。

如同狂牛病情發燒時的牛丼店，主要商品出問題時該怎麼辦？所以也會有說出要你分散風險，應該拓展範圍理論的顧問。

可是在遇到這麼危急的風險前，經營就遇到了困難，那可就什麼都沒了。那種危急的風險，就當你事業規模變得更大時再來考慮就好。在規模還小時就想多角化經營什麼都做，只會讓你什麼都做一半，很難在戰場上有突破。中小零售企業的基本原則就是「一點集中」。

專門設計商標的設計師

廣告印刷設計指的是在報紙、傳單、海報等，做各式各樣的設計。我創業之初是做廣告代理商，也說過：「只要是廣告，我什麼都能做！」所以我後來離開公司作廣告設計師時，也是打出「什麼都做！」的口號，卻無法餬口，你能聯想到這就是現在福岡第一的商標設計公司Design Grace的根本先生嗎？

多數人最後會做的就是這個「什麼都做！」旅行業者是國內旅遊、海外旅遊、票券販賣、套裝行程、團客等什麼都做，住宅業者是新建案、中古屋、房屋委託買賣、租賃、修繕翻修等全都包，大概是這種感覺。

員工、組織、資金豐富的大企業要什麼都做當然沒問題，但是一人公司或只有數名員工的小公司要和大企業一樣「什麼都做」，光是基本條件就不可行。

再者，打出「什麼都做」的口號，顧客無法理解你到底擅長什麼，感覺上沒有專業領域，結果自然不會有工作上門。

根本先生創業後，就是因為沒有工作上門，所以先請之前工作的廣告代理商或印刷公司發包設計案給他。

以下是根本先生的故事。

因為還是不夠養活自己，我周末還去打工。我去的那家帳篷店老闆對我說：「你如果是設計師，那就幫我們做的商標吧！」我做了好幾個拿給他看，結果他開心地稱讚：「太棒了！我想說的、想傳達的你居然都做出來了！你一定是天才！謝謝你！」原先都只能做委託設計的工作，這是我第一次聽到客戶的聲音。好感動，我都發抖了。好像有什麼東西灌入了我的靈魂，我果然還是不想只做發包委託，能夠有顧客直接找我設計比較棒。

但我沒做過生意，也不知道該怎麼辦，就先讀了幾本書。其中一本剛好是栢野先生的書，上面寫著「鎖定商品、地區、客群」，還有專業化、市場定位很重要等，但是鎖定單一區塊則營收減少是顯而易見的。其實我很害怕，沒有執行的勇氣。不過如果繼續現在的樣子，我永遠都只能接到轉包業務。必須下定決心！

思考良久，我決定將商品鎖定為自己喜歡且擅長的「商標設計」。不論名片、網站或部落格都寫上「商標設計」，「地區」則是福岡市內，「客群」則專注在中小企業的經營者。如果要和大企業競爭，我一定贏不了電通或地方大企業，但針對中小企業我可以。

因為沒有開業經驗，所以我經常出席經營者齊聚的講座或讀書會，在那裏和大家交換名片，定期送上「感謝明信片和商標新聞」。

我雖經常在演講時提到「弱者一定要鎖定單一選項，不論商品、地區或客群」，但像根本先生這樣「專營商標設計」我還是認為非常厲害。居然鎖定到這個地步！當時在地方經營者的聚會上我也經常看到根本先生，而根本先生後來做的事更是重要，他透過交換名片認識的經營者，他會繼續去訪問會面，所以關鍵點在於他的行動力。

專營單一領域容易讓對方記得，所以提起○○領域要介紹時也更簡單。

在這個資訊爆炸的時代，任何業界裡都有許多的公司和店家。所以和其他家一樣的話就容易被埋沒、看不見，顧客也不知道該怎麼找你。

人會記住第一名，但第二名就不太有印象。

但不是要你做到世界第一或日本第一，細分商品、地區、客群，則能找到能成為第一名的市場。例如NTT電話簿裡做了八千種職業分類，而且還針對地區或特殊用途做小分類，總計達三萬種。所以只要針對商品、地區、客群做市場區隔，一定有你能成為第一名的小眾市場，也就是小規模第一名、分類第一名。

只不過，也和根本先生煩惱的一樣，鎖定單一選項就必須捨棄其他可能。而且也有可能發生鎖定選擇後也沒成效的狀況，所以並不是這麼簡單。模擬時要模擬多少次都沒關係，但最後還是只能實際執行才知道結果。在自己能承受的範圍內，去嘗試和行動才能得到結論。

「剛剛好的美味」是祕訣

福岡市某串炸專門名店「串匠」的社長野中一英，從三十五歲創業到現在已經過二十年。他的串炸店最多時曾有八家店，但關了五家，現在只剩下三家店，他這麼闡述他的經營祕訣。

「每個業界都有激烈的競爭，所以一定要鎖定商品。靠著什麼都有的居酒屋要以小勝大是不可能的，在這點上，串炸店的強敵則不太多。我認為在這個領域我能夠成為小小的第一名，所以我也特化出高級版。但還是有一半以上歇業了，創業就是生存戰，為了活下來一定要有特色。」

我的朋友豐永憲司至今挑戰過化妝品、清潔業、裝潢業、肉派店、串燒店等，但全都做不起來或讓渡、搬家以結案。但是，他從四十歲開始經營的外帶炸雞便當店「博多豐唐亭」，四年就展店到十七間，年營業額五億日圓。「我想經營便當店，但要贏過北海亭就只能以單品專賣店決勝了。直覺經營的小小炸雞便當店沒想到就打出安打，二號店開店時打出了全壘打。」憑著這股氣勢我就繼續展店，目標是開設一百間店。

炸雞便當這玩意兒，不管便利商店、超市或便當店等隨處可見。為什麼「博多豐唐亭」會成功？答案是，沒有專營炸雞便當的強勁對手。便利商店或超市的便當都是從工廠出貨的冷便當，「博多豐唐亭」則擁有現炸現包的美味。而且只要你三百三十日圓，和其他現做便當店相比還便宜了一百日圓。餐飲顧問大久保一彥認為博多豐唐亭的成功理由是，「味道不過分顯眼，剛剛好的美味讓人想再來光顧」。

強化日報的顧問

再介紹更多鎖定選項的成功案例，希望你能從中找到提示。

下個職業是日報顧問，而且是針對中小企業社長的顧問。

我第一次聽到這個故事的瞬間就覺得「喔！這個可行」，這是以山口市為總部，向全國開展連鎖店的日報中心。

聽到日報這二個字，也許有人會想起當上班族時，每天都被規定要寫日報的壞印象，但我對日報的印象卻十分良好。因為自行寫日報或週報的人，也能檢查計畫、執行和結果，進行各種調整。但這和寫日記一樣，如果只有自己做，那要自我管理也有困難。若能由他人強制執行或給予建議，則顧客能從中成長，指導執行的顧問也能獲得報酬。

日報顧問的工作是每天檢查、刪改、回應顧客的日報，每月可得到三萬日圓左右的報酬。一次的顧問費是一千日圓，這個價格區間是大型顧問公司沒有興趣的。但是中小企業或自營業確有需求，我也是這樣，能夠自己做好自我管理的人很少。特別是當上社長後，若沒有人強制要求，結果往往變得怠惰。為了防止這點就需要日報顧問，這樣的需求確實存在。

專門做葬儀業的人才派遣公司

後來才進入人才派遣業卻成長很快的公司也是因為強化專業，福岡市的人才派遣業者中成長最快的就是「晴天」，這是一家針對葬儀會場的派遣公司。

派遣業界中，會針對葬儀做人才派遣的，除了大企業應該沒人想做。競爭對手很少，所以機會也很多。

而且因為是針對葬儀社的需求，三百六十五天、二十四小時，隨時都有人應對。能這樣隨時應對的人才派遣公司不多，這當然也需要熱情和魄力。

社長白水瑠璃子在當上班族時被詐騙了一億日圓，為了還債他犧牲了睡眠時間，同時做好幾份工作。考慮開設人才派遣公司時，因為華麗的婚禮或活動業的競爭激烈，葬儀方面的公司當地只有一家。他打電話過去詢問，結果對方的態度高傲又不認真。所以他覺得，對手是這樣的話那我一定能勝出。

可說是柳暗花明又一村。

夕陽產業也可以注意

榻榻米的市場規模雖然已劇減至一九七〇年代的三分之一，但也有榻榻米店覺得正因為這樣更該努力。關西的T社就在夜間針對日本料理店或居酒屋等展開榻榻米交換服務，使業績成長。他的餐飲業顧客因為不須店修也能替換榻榻米，所以覺得很方便。

福岡縣春日市的井口榻榻米襖店的業績也很好，在磁磚普及後榻榻米的市場因而縮小，但另一方面競爭對手不是轉型為房屋修繕業者就是乾脆關起來，所以幾乎也沒有對手了。因此，當附近的租賃物件的需要更換榻榻米時，他就獨佔了這個市場，可說是「殘存者的勝利」。

此外還針對終端顧客在網路上販售榻榻米，因為榻榻米店關門的越來越多，所在地區沒有榻榻米店的地方也非常多。所以他們開放網購，進入少子高齡化的時代，其實也開始有人想念和室。

像這樣，夕陽產業也是有機會的。只是還必須努力到對手都不存在了，如果能撐過去，就有靠「殘存者的勝利」獲利的可能性。

剩下的是福利

福岡市的黑膠唱片行「築爐市場」（代表．福田剛）也還在，千萬別覺得「現在還有唱片？」雖然黑膠唱片行關門是全國性的，但想成為ＤＪ的人、喜歡唱片的人之類，會購買唱片的愛好者確實存在。除了實體店面，網路販售的規模雖小卻也有不錯的成績。

泡沫經濟崩壞後公共工程雖然銳減，但對手也跟著減少。福岡縣內的某中堅建設公司，因為比對手早一步完成裁員，轉虧為盈。「我忍耐了十年，等著對手關門，這就是剩下來的福利」，該公司的專務笑著這麼說。

奇怪的機會

男性假髮，根據廣告所言，大型製造商的價格落在七十萬至一百萬日圓。對這個業界掀起價格破壞的是日本第一間網路假髮販售公司「With Alpha」。商品價格居然只在十五萬日圓左右，是大企業的五分之一到七分之一。年營業額大約一億日圓，員工也只有數名，但他們至今健全的經營了十年以上。

雖然低價會讓人有「便宜沒好貨」的印象，但據說他們在中國、印尼委託製造的工廠也是前大型製造商的委託工廠。所以對品質有自信，而便宜的理由則是因為他們沒有電視廣告等的宣傳費用。再加上他們沒有電話行銷也沒有店面，所以沒有業務員，自然沒有這部分的人事開銷。靠成本低廉的網路集客，而且假髮的造型和整理是和全國的美容院合作，所以也沒有固定成本。基於上述理由，他們實現了維持品質，並大幅降低價格的商品。

不想讓人發現戴假髮，所以不會有人介紹。因此，為了消除這種自卑感，也有公司會抓著這個弱點重複銷售高額商品。

原本公司代表宮崎彌生是靠網頁製作獨立創業，四年來月營業額維持十萬日圓左右，根本沒有名氣。於是他為了找尋在網路上能自行販售的物品，參加了各種經營交流會。碰巧遇見了假髮使用者和美容院經營者，從他們二人口中得知假髮的高價和假髮業界的不可思議。後來因為生病治療而戴假髮的女性朋友，因為十年就要為假髮花上八百萬日圓，對他高呼煩惱，「你讓假髮變便宜吧！拜託你！」才有了現在的事業。

「嚴格、認真、正直」的英語會話教室

十幾年前，福岡的英語會話學校福岡語言中心（FCC）瀕臨破產。相對於營業額三千萬日圓，他們光金融信用和信用卡，就和十二家公司借了一千七百萬日圓。但是，現在已成為年營業額一億日圓且沒有負債的優良公司。

經歷了長年的苦難，他們做到大型英語會話學校做不到的「手作、麻煩」的教授課程。

其中一個商品是「英語日記」，如字面所述，是要求學生用英語寫日記後提交。然後，老師只在錯誤的地方劃線後返還。請學生修改後再次提交，由老師修改。

有回家作業的頻率也很高，學生雖然很辛苦，但對學校和老師來說也是很大的負擔。這對重視效率的大型連鎖學校是行不通的，但是寫作業能確實提升學生的能力。

廣告內容也是，大型連鎖學校主打「每個人都做得到，歡樂、簡單，馬上就能開口說」，FCC則是「認真嚴格，強制實行英語日記，還有回家作業」，為顧客設立門檻。

而且比其他公司更先提出退費保證，過去有很多英語會話學校會讓學生先購買一百次的課程，但就算你在第五十次決定「不上了」，也不退費，形成消費問題。此外，對固定人數以上販賣課程票券，也是一種非法商業行為。

因為這種狀況很奇怪，所以FCC公司內開會決定，購買課程票券後如果中途不想上了，會退還剩下的金額，這點在廣告和網站中（中途解約、退費相關）都有記載。雖然結果造成退費金額增加了三倍，FCC的誠實卻也有很多人願意推薦，學生人數一口氣大幅增加。

數年後，大型英語會話學校接連發生不好的新聞，甚至到經濟產業省也明令契約書中須註明「中途解約即退費」，可說FCC的做法引領時代。

做對客人（學生）有益的事，充實手作、麻煩的服務，貫徹正義。不論是前面提到的假髮或英語會話業界，看起來奇怪的業界反而都有改革或改善的機會。

處理新建案客訴的藍海

我在某個讀書會和一名社長交換名片。

「請問您的工作是什麼？」

「我們是處理新建案客訴的代理。」

我聽了那名社長敘述了一分鐘，

「那很厲害呢！很賺錢吧！」

「你怎麼知道！我們才聊了一下。」

「因為你的工作屬於手作、費工那方面的。」

非常厲害，竟然有這麼小眾的工作，這讓我有點感動。這麼麻煩的工作大企業通常不做，聽他的敘述，他們只靠十數名員工就有超過一億日圓的營業額。營業額大致就是毛利，工作內容如下。

新建案的房子或公寓完成後，交屋給使用者時，他們對住宅公司投訴「門上有小擦傷」、「牆壁的顏色和之前討論的不一樣」、「整體浴室（unit bath）有小洞」等是常有的事。因為對使用者來說，那是花了以千萬為單位購買的東西，不如預期自然抱怨。傾聽這些小抱怨，代替房屋建商或建材製造商趕去，透過小修繕等讓屋主滿意就是這間公司代為處理客訴的業務。

客訴內容幾乎和小擦傷相關，屋主搞錯或誤會也經常發生。一旦發生問題，負責人就馬上趕到現場，不反駁的好好聆聽顧客的聲音。然後好好解開誤會，若是傷痕或不合用的地方則利用專業技術漂亮的修復。

這是原本該房屋建商或建材製造商該處理的事，因為這種後續追蹤的工作沒有人喜歡。若是有品牌信譽的大公司員工還有可能去做，但其實大企業也不想把人力花在這種事上，比起這種會讓員工工作動力下降的工作，還不如派人去推展新建案的業務。所以，有客訴代理真是太方便了，而且對應一次也花不到五萬日圓。

住宅業界的工作中，新建案的地位最高，接下來是中古屋販賣和房屋修繕。客訴處理和小修繕則是靠近最下層，因為是「手作、麻煩的」。也就是業界最枝微末節的工作，所以大企業沒有興趣。

我和年營業額二十億日圓的房屋修繕公司社長提過這件事，他也只是回我「喔，我知道啊」，沒有其他反應。因為房屋修繕工程的單價隨便也要七十萬日圓以上，這種單價數萬日圓的工作他連看都不想看。所以處理住宅客訴的代理市場幾乎沒有競爭對手，還是藍海。

找尋自己的腳邊

請再檢視一次，業界中是否有單價低、看起來不起眼、手作費工的工作。不符合高效率、大量生產的工作，不僅毛利高，業界大手也不會注意。只要花時間找，一定能找到這樣的小眾市場。

雅滋養的創始人在四十四歲前做過擦鞋匠、毛巾中盤商、婚禮司儀、綠球藻的業務等十幾種職業。直到瀕臨破產、好不容易撐過去的數年後，在一次和經營計畫相關的宿營講座中，和講師托出自己過去的四十四年都做了什麼，深深反省。過去一直以為自己的天職就是向外開展新事業，藉著此次反省，他才發現原來從創業期就持續活動的健康食品販售才是天職，發覺自己要為社會盡一分力的話，就要做這個。

一風堂的河原社長也是，參加全國拉麵冠軍賽的電視節目獲得優勝時，被欣喜流淚的員工和店鋪關係人的模樣感動，他們頻頻向社長說：「恭喜，太好了。」他才注意到原來「我的天職就是做拉麵」，而此時他已經營拉麵店十五年了。從此往後，他停下了手邊其他事業，專注做拉麵。

二十幾歲到四十歲前，因為年輕做了許多挑戰。但是過了四十歲，就算挑戰全新事業，也很難贏過從二十幾歲就開始的人。

決定自己人生的提示，從人生過去的經驗中翻找還是比較可行的。「到底在哪裡？」不要想得太遠，提示就在自己的腳邊，深掘你的工作經驗和興趣才是捷徑。

戰略四「肉搏戰」我們到第六章「成功的顧客創造法」再詳細敘述。

第4章

成功的區域選擇法

我要經營哪種領域才容易成功？和強勁的競爭對手相比，自己的地區能怎樣「差異化」？該於哪個地區「一點集中」？成為「小範圍第一名」？

以經營便當店的岩田先生為例，雖然他的商品和店鋪都和競爭對手一樣——

- 為顧客寫明信片
- 記住客人的名字
- 客人來店時遞上茶水
- 鎖定客群

- 鎖定外送區域
- 在外推廣業務
- 發行新聞

但他改變了接待和經營的做法，而鎖定業務地區和社群的結果，讓他從年營業額六千萬日圓變成一億日圓。

就算抱怨地區不佳，這個地區的基本樣貌也不會改變，只能改變自己。即使是同樣的地方，也能和岩田先生一樣下功夫調整做法。

縮小區域使營業額成長三倍

經營不善的博多小型美容沙龍聽從當地顧問山內修的建議，調查了原有顧客的地址。結果發現，大半的顧客都是從距離店面三百公尺以內的地方來的。但他們的傳單，每次都灑到半徑一公里以外的地方。於是他們改將傳單發送範圍縮小到半徑三百公尺以內，發送次數從每月一次增加到每月四次。接著還開始針對來店顧客寄送感謝明信片或致電追蹤，結果營業額竟然增加成原本的三倍。

這是來店型實體店鋪常有的模式，我在聽到這個事例前也忘了這回事。當然，以前在廣告代理商工作時，也從未想過要減少給客人的傳單數量。因為自己的業績減少了嘛！

常見的失敗例子就是，為了增加顧客而大範圍的發送傳單。範圍大的話，則張數和成本增加，次數減少。而且也不知道原有的客人從哪裡來，既沒有顧客名單，也未做任何後續追蹤。

地方都市的來店型商業行為，極少發生從遠方來的顧客。因此，傳單不應大範圍的以一萬戶每月灑一次，而應縮小至三千戶，但每月發送三次傳單才有效果。

「同樣的傳單，在第三次後才能收到回應」，這是已收到成效的經營者口中常說的話。雖然會因商品而不同，但發一次傳單就馬上成功的例子非常稀少。不論業務、明信片、電子報或人際關係，只靠一次、二次的機會很難建立信任感。任何事都一樣，反覆多次才能被記住並且累積信用。透過反覆接觸提高好感度獲印象一事，稱為塞瓊克（Robert Zajonc）的曝光效應（mere exposure effect），曝光效應可概略整理成以下三個重點。

1.不認識的人是有攻擊性的，會對其抱有警戒

2. 隨著接觸次數成比例的提升好感
3. 了解那個人的另一面後會更有親近感

這在廣告宣傳或行銷面上是非常有用的思考方式。

在外推廣業務的地區也要縮小

經營便當店的岩田先生也是這樣，在外跑業務的範圍盡可能縮小比較好。「看不見的敵人就是移動時間」，如同這句竹田語錄，移動時不會產生營業額也不會有利潤，削減這個部份是非常合理的。

經營自動車床商社的鈴木佳之也是因為鎖定地區而成功（詳情請見第六章「個案研究2」），創業前，他在上市公司工作，他說那時一天移動一千三百公里再平常不過了。因此創業後他也同樣的以廣大區域作為業務範圍，即使告訴他「移動的時間很浪費」，但每個人一開始都會認為「不移動的話就見不到客人」。自動車床新品是要價一千萬日圓以上的高價品，在領人薪水的時候，因為不管去哪，經費都是公司負責。就大企業的想法，只要有下單的可能性，再遠都要去，這是很一般的。

但是，業務區域太大的話也會產生很多無謂的成本，結果導致和顧客接觸的次數減少，輸給競爭對手。當商品力差異不大，營業額就會隨著和顧客面談或接觸的比例增加，所以無謂成本（特別是移動時間和隨之產生的成本）的增加只會是致命傷。

弱者一決勝負的戰場不在都市，而是鄉下

都市的市場大，所以大企業和業界的強者聚集於此。東京、名古屋、大阪自然不在話下，連人口二十萬人左右的都市也是，中心地區或車站附近有大半都是大企業的分店或連著好幾間營業所。各事業的分店比例，福岡或仙台大約是百分之三十五，其他的政令指定督師也大概有百分之二十以上。餐飲業等連鎖店的比例也每年增加。

福岡縣內的原生百貨不是歇業，就是被大企業吸收合併，不見了。超市或家電販賣中心等也是類似的情況，即便中小零售企業再後悔，大企業的資本雄厚，又無法明確地在商品力和營業方法做出差異性，除了退出強勁對手居多的市中心，到郊外或鄉下經營也是很自然的。

以前，我到福岡市理美容工會演講時曾提出「鄉下比市中心更好，裝闊到福岡市中心開業也很難獲勝，對手少的鄉下才是好地方」這種很普通的論調，然後就有人回應：「沒錯，就是這樣。我們工會的成員在市中心開業的滿是赤字，越往鄉下營業額不只數字好看，經營內容也很優秀。」

經營便當店的岩田先生也是，把店開在大阪市外圍，自動車床商社的鈴木先生的經營區域也在埼玉縣。指導鈴木先生的菅谷信一和後藤充男，也分別在茨城縣的水戶市和日立市經營自己的事業。地方、郊外或鄉下的薪水雖然較低，但物價便宜、住家接近工作地點，不只便利、環境也好，完全是適合居住的好地方。而且，也沒有強勁的競爭對手。

不選一級戰區，要選小巷

在福岡市拓展連鎖餐廳的ＯＮＯ集團，是幾乎無借款的經營十幾間店面，業績也很不錯。一開始是在離福岡市中心稍遠的舞鶴地區，舞鶴在福岡中心——天神的北側，泡沫經濟時期曾被開發，但泡沫經濟崩壞後有一堆後遺症而荒廢，整體也給人不好的印象。結果，這地區的店家越來越少，餐廳或美容院等新店家也往南部的天神地區集中。不論是當地或東京的大型企業，都沒有人想前進日益荒涼的舞鶴地區。

ＯＮＯ集團一開始集中火力於開店成本低的舞鶴地區開設餐廳，成為一人得利狀態。開了七間店後還是沒什麼競爭對手，因此攢了不少錢，近年才往市中心的天神和博多車站前進，搖身一變成為當地的中堅優良連鎖餐廳。如果一開始是在店面租金高的一級戰區開店，想必無法如現在一般成功。

一級戰區屬於商圈，人口也多，但大企業、強勁的對手也很多。租金、人事費用也很高，經營順利只能說成地利之便，很難和經營實力畫上等號。現在年營業額超過二百億日圓的拉麵連鎖店一風堂，一開始展店時也是只選擇小巷或郊外。在地方蓄積實力後，才乘著這股力量進入東京或其他大都市。

總公司位於長崎縣佐世保市的Japanet Takata也是從在地廣播頻道開始郵購事業，後來進軍九州的鄉下廣播頻道，接著更擴展到全國的地方廣播頻道，使用電視這種全國網路做郵購又是更之後的事了。

每個人一開始都沒有錢，雖然想在都市一級戰區決勝負，但沒錢沒辦法，只好從郊外或鄉下開始。這樣很好，優衣褲也是從山口縣的小鎮商店街發跡，才進軍廣島的，東京都心則是最後達成。

如果是柳井正那樣的天才經營者，在鄉下獲得成功後進入地方中心都市，然後朝東京、甚至全世界擴大事業版圖自然可行，但是我們這樣的鄉下小夥子或平凡人，成功後停在地方中心都市就好，連東京也別去。倍適得電器和Doi過去在家電或相機的量販都做到日本第一，但雙雙從福岡進軍關東後，就被更強的企業併購了，「地方的凡人，地方知足」這是我對你們的忠告。

今後將一口氣進入少子高齡化社會，老人多、對手少的地方才是富有機會的地方。

鎖定半徑五百公尺內的範圍，營業額成長二十五倍

福岡、博多的熱鬧夜晚就在中洲，現在的中洲地區，若有新的小酒館或酒店開張，十間中有九間應該是由同一家小型不動產公司所仲介。也就是市占率九成，那家公司叫做福一不動產。直到十年前還沒沒無聞，現在則蛻變成年營業額二億日圓的小型優良企業。社長古川隆是我交往已久的好友，我也為這樣的成長感覺驚訝。

古川社長還是上班族時，負責販賣新房建案，但因為被裁員而宣告獨立。後來他成為中古屋買賣和住宅租賃的仲介，在福岡到處奔波，但一點也沒賺到錢。

「買了竹田陽一老師的教材在車上聽，結果不停聽到『鎖定商品、鎖定客群、鎖定地區』的聲音。開車的時候，還聽到『移動時間是浪費』。也許他說的都是對的，但全部鎖定後，營業額就會減少啊！」所以最開始的那二年我無法鎖定任何選擇。

但是不久後，透過雅滋養創始人的介紹，我參觀了深耕久留米當地而成功的酒造公司得到啟發，決定把營業區域鎖定中洲。市場調查了半徑五百公尺內的五千五百戶後，得出該區域的小酒館和酒店佔了二千七百間店，光是那裏的不動產相關買賣至少也有三十億日圓的市場，「這樣一來就不需要到處奔波，就鎖定這半徑五百公尺吧！」上述條件就是我打算這麼做的原因。

「商品」是店面、房東介紹，「地區」是從中洲往外的半徑五百公尺內的五千五百戶，「客群」鎖定小酒館和酒店，「業務」則是徒步或騎腳踏車發送傳單和拜訪。「顧客追蹤」寄出當日感謝明信片給來店者，未來也持續追蹤，開設經營小酒館或酒店的少人數經營讀書會，與他們個別商談、然後針對一百五十人規模的大型店家也開設講座。

如此的「鎖定經營」從一九九九年到現在持續了十幾年，結果推薦介紹的人越來越多，半徑五百公尺內穩坐第一，也變身為地區市占率九成的小型優良公司。

我從一九九九年開始就看著古川社長的「半徑五百公尺戰略」，當時月營業額為七十萬日圓，僅過了半年，就到了三百萬日圓。現在的月營業額則超過一千五百萬日圓，鎖定區域後，很快就會看到結果，這就是「弱者的地區戰略加上真心覺悟與行動」帶來的禮物。

中洲也有「喧騰夜晚，也就是黑道」的恐怖印象，但是有資本能力的大型對手不會強攻此區。可以說小巷或奇怪的地區、大企業菁英不擅長的客群裡，經常藏著機會。

知行合一

也許你們已經注意到，「弱者的戰略」基本上很簡單。該做的事和大企業相反，「鎖定商品、地區、客群」。為了鎖定就要選擇和集中火力，捨棄更是重點。開始鎖定市場後營業額會下降，因為恐懼而無法行動，就算做了也無法持續——必須切斷這樣的惡性循環。

任何事都是這樣，就算擁有相關知識，但實際行動的人頂多只有一成。而能持續實踐的人，更只有實際行動的一半以下。

就算行動一開始也只是連續失敗，當然也很丟臉。「知」和「行」有很大的不一樣，對於實際行動的人我們只能拍手。我們這些商業書的作者常口出「○○的成功法則」這樣不用負責任的話，但正確答案其實不只一個。原理或原則的基本條件就算一樣，但實際實行時各有各的狀況，正確解答也會不一樣。

況且，光有經營或戰略的知識還不夠，要貫徹到底還需要集中精神和資質、覺悟和決斷、執行力、熱情或熱血、夢想或願景、使命感等所謂的「德行」。

夜逃亞洲成功

以前，有個從和歌山來的二十六歲年輕農夫松尾先生，早上六點來找我商談。他們家是種菊花的，但還有二千萬日圓的貸款，讓他覺得沒有未來。雖然接下家裡的事業成為代表，但因為不知道該怎麼做便來詢問我的意見。

那時的我去了亞洲許多地方，像是越南或緬甸，對那裡具備爆發性發展的可能性感到驚訝。因此，我半開玩笑卻也認真的建議他，「不如前進亞洲吧！亞洲正在發展，強大的對手還不多，所有職業的進入門檻都很低。雖然在日本只能算是一般般，但到了當地肯定是第一。快去！」

二年後，他又來找我了。

原來他和我談過的半年後就去越南視察，沒多久就決定移民了。據說現在是擁有東京巨蛋那樣規模的菊花農園經營者，還得到關西某企業家的賞識，得到他二千萬日圓的投資，有個向他購買菊花的日本大商社老闆還這樣說。

「要在海外經營菊花農園，越南是最合適的，但移民過去開展事業的日本人，你可是第一個。錢要多少我就給多少，你要替我好好幹啊！」

這可說是亞洲夢呢！

泰國也適用的弱者基本戰略

經營泰國第一人力銀行Personnel Consultant Manpower的小田原靖從美國的大學畢業後，沒回日本就直接去曼谷了。並直接進入到當地由日本人經營的不動產公司，數年後便開業獨立成立人才仲介公司，現已在泰國住了二十年。

「是時代對了，像我這樣一直住在泰國的人幾乎都成功了。泰國現在還是令人難以置信的景氣好，東南亞整體應該在未來的十年至二十年還會繼續成長吧！泰國的失業率不到百分之一，各地都有做不完的工作。現在開始也還不晚，只要來泰國十年，任誰都會成功！」如此侃侃而談。

我這幾年也去了亞洲各國視察，但整體來說亞洲就像「三丁目的夕陽」。就是過去那波為日本帶來高度成長期的浪潮來到，不論是越南、孟加拉、印尼或印度，我去和在當地做生意的日本人見面，強烈感受到各地的高度經濟成長。中國或香港、台灣、新加坡也還會繼續發展吧！

還沒看過亞洲其他國家狀況的人，買張數萬日圓的便宜機票飛去各地看看吧！說不定反而能為你帶來新的想法，發現日本的優點。

第 5 章

成功的客群選擇法

接著是客群戰略，要選擇誰為對象？雖然總是會變成「賣得出去的話誰都可以」這樣的想法，但不管哪個業界都有許多的競爭對手，踏進了就是一場顧客爭奪戰。大企業當然可以涵蓋更廣的客群，但小公司的戰略是相反的。針對能和強勁對手做出「差異化」的客群，以「一點集中」取得「小範圍第一名」。

被輕視的勇氣

我曾在過去擔任講師的經營講座中，看到一份由某建商製作的樣品屋鑑賞會傳單。

尺寸只有A4紙長邊的一半，蠟筆手寫風的文字寫著大大的文案「如你想像又不傷荷包的房屋建造鑑賞會，新發售」。接著還有「問我討厭什麼?煩人的業務超討厭的」、「自行設計的房子應該很貴吧?」這種朋友間會使用的句子，傳單上還有二個三至五歲小女孩在客廳玩的照片，以及六十幾歲的社長和女員工的畫像，但房子的價格或性能等規格資訊都沒透露。

我心裡的想法是，「這什麼啊!說是手寫風傳單，但這根本是幼稚園或小學生寫的吧!餐廳或雜貨店可能還過得去，但商品要價一千五百萬日圓以上的房子用這種廣告質感也太差了吧!」

講座會場來了大概二十名建商老闆，但幾乎所有人的感想都和我一樣。

但是，那家建商居然靠那張傳單成功了。那家公司位在某縣的小城市，人口不到四萬人。公司有六名員工，一年約有十棟建案委託。為什麼這麼幼稚又白話的傳單能獲得成功?「事實上這張傳單，最吸睛的就是小女孩的照片。主要客群是三十歲前後的媽媽，她們考慮的是和父母同住的二世帶住宅*。這個宣傳廣告非常容易抓住她們的目光，再來就是『路上小心!』這種話。不說『請小心路上狀況』這種很客氣的話，反而用朋友之間的語言，這樣比較有吸引力。」

原來如此，我就直說了，這張傳單和建商的顧客目標都是右腦人。也就是「看到手寫風格的蠟筆字、可愛小孩的照片、朋友口氣的文字，這些都讓他們抱有好感」這樣的人就是他們的目標，以都會裡一部分上市大型房屋建商為首，地方大公司、普通廣告代理商或印刷公司的人（特別是男性）都是左腦型或理論型、腦袋硬梆梆的人，所以絕對想不出這樣的點子。

簡單來說，這很像咖啡店或手工麵包店會出現的傳單。老實說，我一開始看到的時候覺得很糟，但這差異化做得真好。不和大企業打客群戰，是很優秀的成功案例。

在這個講座結束後，我去高知其他講座時給參加者看了這張傳單，並和他們說：「這張看起來像是在騙小孩的傳單，幫某家建商取得成功了呢！很有趣吧！」結果有一個印刷公司的社長說：「啊！有家公司也給了我們很像的傳單，也是同樣的手寫蠟筆風格。他們發了二萬張，結果只賣了二間房子。」那家建商是高知縣的建商，他們將栃木成功建商的傳單直接複製使用，結果失敗了。

＊ 譯註：二世帶住宅指的是讓熟齡父母和成年子女共居，但又各自保有生活空間的建築，多為上下樓或隔壁戶。

從「不去第二次」變身成功的店

前幾天，我去了朋友告訴我的排隊名店拉烏龍麵「志成」（福岡市）。時間已超過下午一點，但店內約二十個座位的三分之二還是有人的，甚至在我坐下後還陸續有人進來。一問之下才知道，三十五歲的老闆離開公司後去了高松的讚岐烏龍麵店修業。使用手打麵，湯也完全沒加入化學調味料。

店內播放著時尚的爵士音樂，除了店長還有三名女性員工。熟練的動作和親切的待客問候，制服是紅色的設計師款式T恤，裝潢不論內外都是美麗的美容院風格。客人除了我，都是女性。我點了招牌烏龍麵（四百五十日圓），味道是典型的手打讚岐烏龍麵，麵體偏硬有嚼勁。

喝完水後不到五秒，店員就向我詢問：「請問要加水嗎？」並且再度開口，「我們也有熱茶，請享用。」連續嚇到我二次，雖然是再普通不過的服務，但和一般的烏龍麵店比起來，他們更顯勤快、親切。女性更被這樣的服務感動，難怪生意這麼好。

我在收銀台和老闆聊了一陣子，得到以下資訊：「我們才開店二個月，沒做宣傳，全靠客人口耳相傳」、「我們想讓女生就算一個人也願意進來」、「我在東京、福岡走訪了大約一百間餐廳」、「模仿了拉麵一風堂的風格」。而擔任店鋪設計的是我朋友，「創業顧問」Lead Creation的福泉禮二。他專門針對想在福岡開設餐廳、美容院的人，長年且每月主辦店家的「經營讀書會」，聽到這裡我完全理解這裡為何是一家排隊名店了。

這家店的老闆做了相當充足的創業功課，「商品戰略」、「地區戰略」、「客群戰略」、「接待戰略」每項都很完美。日本第一個以女性為主要客群的拉麵店是一風堂，而這家店就是「烏龍麵版本」。

但是，我不會再去這家店。

這麼美麗的店，加上滿是女性的氣氛，對於懶散的我來說完全無法放鬆。又因為它的設計時尚，價格也有點高，除了普通烏龍麵，其他都要七百日圓以上。對衣食住都只求過得去的我來說，這個價格的午餐已經超過預算了。有嚼勁的麵對習慣博多偏軟麵體的我來說也不合口味，換句話說，我不是這家店的客人。

「難吃，服務超差」但年營業額三億日圓

有間知名的博多拉麵，幾乎整年客滿，但詢問常來的上班族這家店怎麼樣，稱讚「好

吃！」的人很少。我的女性友人也很生氣的說：「難吃，而且也沒有任何服務，我再也不要去了！」

這家店沒有「歡迎光臨」、「謝謝光臨」等最基本的待客問候，只是默默地端上拉麵。來過這家店的餐飲顧問大多也給予「超差店家」這樣的評價，我一直住在這家店的後面，也有一樣的印象。

但是，住在附近七年後我才注意到，這麼糟糕的店卻生意很好的理由。

仔細觀察，這家店的主要顧客不是上班族，而是穿著工作服或便服的人。其實這附近是福岡魚市場和相關設施，有很多穿著長靴和工作服的男人光顧這家店。附近還有二家柏青哥店，換句話說，這家店的主要顧客是粗工或大叔。他們基本上個性急躁、脾氣不好，個性和服裝都比較粗野（當然也有不是這樣的人）。因為趕時間的人多，為了快點煮好上菜使用細麵，而細麵因為容易吸湯，所以也沒有大碗，而是以吃完加麵的方案做生意，這就是來店顧客的心理狀態。

「不用什麼服務啦！這樣比較便宜，拉麵也能比較快上！」

他們一開始就沒打算經營女性顧客，店老闆雖然是納稅大戶，但店面就是個不怎麼樣的水泥屋。以前的店跟避難所沒兩樣，店很漂亮乾淨的話，穿工作服的人就不好意思進來，這家店非常清楚「自己的客人是誰」。

和這家店一樣從路邊攤開始，成功後蓋了「漂亮」公司大樓的鄰近同業者則潰敗了。因為過去的常客，也就是穿著長靴和工作服的工人變得不好意思踏進店家。大企業或大型連鎖店擁有廣大客群，但中小零售業必須加上「不做自己不適合的事」，「鎖定適合自己的客群」才是關鍵。在這點上我也無視大企業菁英，只和以地方弱小公司或店家為對象的講師、作家決勝負。

「醜傳單」know-how

我原本是廣告代理，從以前就很在意郵購Belluna。總公司是在埼玉縣上尾市這個地方都市，也是年營業額一千億日圓以上的上市公司，但不知為何傳單就是醜到爆。商品鄙陋，模特兒也像個外行人。文字的字型和顏色，連這麼遜的我也覺得傳單實在很不行。因為偶爾會看到「給五十歲以上的女性」這樣的文案，可以推知他的對象肯定是中高齡的阿姨。

說了這麼多次真的很抱歉，但真的很醜。但我還是假設這樣的醜法是嚴密計算出來的。

後來某次我在東京八王子的經營講座中提到這個「醜爆Belluna」的事，沒想到會場裡有個從Belluna出來的創業家來參加。他靠在網路上販售寢具成功賺得數億日圓的營業額，我也趁著遇到前員工的機會，詢問他Belluna的休息時間到底都在做什麼。結果他說：「製作醜商品和醜傳單，那是我們公司最強的know-how。」

也就是說，Belluna的戰略是「將醜商品，在不時尚的地區，針對不時尚的客群，用醜傳單賣出」，和前面提到的拉麵店如出一轍。

一般來說成功之後就會想做得更好，但在網購成衣業裡還有千趣會、nissen、迪諾斯株式會社等，時尚系的目標對手很多，和他們做一樣的事是不會贏過它們的。不只都會，也放棄在地方都市經營時尚線，以鄉下的過季歐巴桑為主要客群，這可說是十分優秀的差異化。

其實同一時間，我正和在鹿兒島縣經營化妝品郵購公司（年營業額十億日圓）的社長朋友講電話，「傳單太醜了，你都已經成功了，要不要委託總公司在東京的一流廣告代理商，而不是當地的印刷廠呢？」

「謝謝，栢野你也這麼想嗎？」

「當然啊！模特兒也很糟，傳單上的商品照片還往右歪了三公厘左右。」指出傳單缺點的我十分自大。

但在知道Belluna的成功就是因為醜之後，我趕忙打電話給鹿兒島的社長。

「抱歉！我還是覺得就維持原本醜醜的樣子就好。」

「栢野你也這麼想啊！（笑）」

這間公司是總公司位於鹿兒島市，販賣自然化妝品的吉田ＩＭ研究所。社長吉田透是本能地知道那些醜醜的地方正是關鍵吧！詢問之後才知道，傳單上的照片，為了表現出不專業的樣子才故意歪了三公厘。換句話說，這是為了和世界上為數眾多的厲害同業對手做出差異化。

哎呀！太厲害了。我太佩服了，這種想法，大都會的一流菁英可是想不到呢！這是住在鄉下、知曉鄉下顧客想法才能做出的提案。

優良店家也有「私下服務」

前些日子我去了一趟東京都町田市郊外的「電化山口」，一般來說他應該不知名，但因為是中小企業的生存勢力，曾在多本書籍、雜誌和講座出現。過去一直是城鎮裡的家電商，附近則一直有大型量販店進軍，使他的營業額大幅減少，顧客也減少至三分之一。然而毛利卻增加到以前的二倍，維持著良好的經營體質。也就是說，他捨棄了便宜就好這樣價值觀的顧客，鎖定「就算貴也要去山口買」的客群。

他的祕訣，簡單來說，就是和降價的大型量販店做完全不同的事。「商品」是以修理為中心的「私下服務」，「地區」是町田的鄉下，「客群」是不堅持低價的高齡富裕階級，「業務」則是到府詢問需求。營業額的分布是店頭四成，訪問販售六成。

我在店面拿到的店長名片上寫著「好久沒去看孫子了，但又擔心家裡沒人。可以請你去我家裡住一晚嗎？是否還可以請以幫忙澆花呢？沒問題！」

店外的大型看板上也豪爽地寫著「借廁所請自便」、「下雨了就拿傘吧！」、「想休息或喝咖啡請自取」、「電話也可以用」，當然他的真心話是「但想買電器的話請在我們家買喔！而且沒折扣」。簡單來說，他靠親切和私下服務堆疊商品價格，於是毛利從百分之二十五上升到百分之四十。

一般人應該都覺得「家電便宜就好，什麼私下服務根本不需要」，但是飛機的商務艙等，就有人為了經濟艙沒有的服務而願意加錢。投宿一晚要價五萬日圓的外資飯店時，員工會以投宿者的姓名稱呼，也會準備喜歡的報紙和飲料。

「電化山口」就是抓住了這些不去比價，就算貴一點也想在這裡買的優良顧客。原因是他們推出「私下服務」，鎖定富裕的高齡者為客群戰略。

顧客源源不絕的學校

「同樣的事情就算問我們一百遍，我們還是會笑著回答」這是電腦教室「whale」的廣告宣傳語，以姬路市為中心在兵庫縣有八間直營教室，年營業額二億日圓左右，經營順利。

以前，在我主辦的九州創投大學裡，邀請了大前祥人社長進行五小時左右的演講。從商品、地區、客群的選擇方法到營業和顧客對應都非常完整，它們的know-how都公開在whale的網頁上，請一定要上網看看。

在數兆日圓市場的電腦業界中，電腦教室和修理業一樣，都是大企業不想碰的其中一個商品。一萬日圓左右的學費就單價來說偏低，而且教學是一門效率不佳的低科技商品。加上政府也不提供補助了，使業界整體一口氣衰退，也幾乎沒有新加入的業者了。

地區是姬路，而且總店所在地安富町是人口不到六千人的鄉下。越往鄉下競爭者就越少，這正是弱者的戰略。

如廣告宣傳語所示，佔客群八成的是七十歲以上的高齡人士。高齡者最高興的就是能發送訊息給孫子或小孩，但是年紀越大，就越是煩惱且難以理解電腦和智慧型手機該如何使用。所以，在電腦教室會不停詢問重複詢問同樣的事情。「那個，要送出的時候要按什麼啊？」像我這種個性很急的講師肯定會不自覺的擺出「不是才告訴過你嗎」的臉，但光是這樣就會被高齡者討厭。大前社長原本就是個脾氣很好的人，比起電腦教學，他更喜歡跟老年人談話。這就是他的賣點，比起know-how更重要的是心態和接待。大前社長告訴我們他的經營訣竅，「關鍵在於休息的那十分鐘，在那段時間該如何拉近和顧客的距離」、「鎖定高齡者後四十歲以下的客人也會來，但反過來的話高齡者就不回來了」。

不只高齡者，人只要面對照顧他人都會盡可能避免。所以，打出「給銀髮族的你」這樣的口號令人相當安心。

電腦教室「whale」更厲害的地方是教室環境，教室有一半的空間排著桌子和電腦，但旁邊的空間，更受爺爺、奶奶歡迎。他們聚集在那裏做什麼呢？

答案是喝茶吃點心，進行「井戶端會議」＊。表面上的需求是「想學會電腦和智慧型手機的使用方法」，但真正的重點是「和朋友見面、聊天」。這就是重點了，每月一萬三千日圓的課程且沒有上課時間的限制。其實「whale」不是電腦教室，他變成了高齡者的交流中心。

更驚人的是退會率，不續約的客人每年只有不到百分之三，而且其中大半是因為死亡而退會。而且還有客人說：「就算我死了，也可以繼續扣款。」這裡是第二個家「我們的whale」，他成為像家人、朋友一般關係的空間。

在這裡工作的員工也每天被爺爺、奶奶們道謝，覺得「工作很快樂，這裡充滿生存價值、工作價值」，滿臉笑容。

因「身障者專門」而成功

東京都中央區的Beltempo Travel and Consultants自一九九九年開業，是日本第一家專營身障者的旅行社。後來轉型為以「身障者和高齡者」為中心的會員制旅行俱樂部，雖然是只有數名員工的小公司，但因為他的專業性和社會性，有許多媒體報導。

社長高荻德宗在大型旅行公司工作時，對大量販售且一致的旅行抱有疑問。而且因為重視效率而拒絕身障者或乘坐輪椅的顧客這點也讓他非常心痛。後來有一天，他志願參加和身障者一起的旅行。熟睡中的半夜二點，他被「喂！我口渴了，我想喝啤酒」的叫聲吵醒，生氣地說：「開什麼玩笑，你以為現在幾點啊！別以為你是身障者就可以這麼任性。」接著那

＊ 譯註：在日本的原始社會，主婦們到村子旁邊的老井旁打水，趁著打水洗衣服的時間話家常、說八卦、互通消息，後來被戲稱為「井戶端會議」。

お孫さん、ペットちゃんの写真を作品にしてみませんか？
パソコン音痴のあなたでも大丈夫
パソコン教室
Windows10・Windows8.1・Windows7・VISTA 対応
受講生募集!! 無料説明会・体験会開催
授業料
1 回（50 分）
わずか 480 円～（税込）
・教室維持費無料
・機器使用料無し
・毎月月謝のみ
シニアの方に囲まれて 17 年目
特典残り後 3 名
特典を利用すると、なんと…
1 カ月目の月謝が無料
特徴1 全額返金制度
入会金は永久サポート、お茶、お茶菓子代に充てています
●…楽しくないなら入会金（16,200 円）を含めた全額返金を保証します。
●…授業開始月の初めから 2 か月以内にお申し出ください。
●…プレゼント商品、テキスト等はお返しいただく必要ありません。
特徴2 月謝による定額制
●…一度に多額の出費は不要です。
●…機器使用料も不要です。
●…教室維持費も不要です。
テキスト代のみ 3 か月～6 か月で 1 冊 3, 240 円が必要です
●…受講時間は月 4 回、8 回、13 回の中から都合に合わせてお選びいただけます。
●…60 才以上のあなたなら、13 回コースの料金で 24 回受講していただけます。
特徴3 マイペースで学習
●…あなたの予定に合わせて、日時を予約できます。
●…パソコンの電源の入れ方がわからなくても大丈夫です。
●…パソコンを持っていなくても教室のパソコンで学習できます。
●…自分のノートパソコンを持ち込んでの学習も可能です。
特徴4 質問は１００回でもOK
●…講師が常に 2 名常駐していますので、わからないところはその場で何度でも質問してください。
●…他の人ばかり質問して、質問できないということはありません。
井上さん 66 歳
始めは時間つぶしのつもりでしたが、今はすっかり日課になっています。可愛いイラストを使って友達や孫にカードを送ったり、休憩室でみんなとお喋りするのが楽しくて仕方ない！解らないことを何度聞いても、先生は何度も教えてくれます。一日休むと寂しくて仕方ありません。本当に入会して良かったなぁと、思います。
横谷さん 72 歳
入学した時、私や多数の紅葉マークの車の方が勉強されており、私もワープロをやっていましたが、まさかパソコンでここまで出来ると思っていませんでした。先生方のご指導のお陰でお絵かきや年賀状、また写真の取り込みや印刷等、多数できるようになりました。
萩原さん 67 歳
ここに来るまでは、パソコンで意味の分からない表示が出るたびに電源を切っていましたが、今ではパソコンで腹が立つことは何もありません。回覧や旅の思い出など楽しく活用しています。
無料説明会・体験会を実施します。（都合の良い日時にご予約お願いします）
無料説明会 6月 14 日～6月 17 日
＆無料体験会
9:00 ～ 18:00
※電話でご予約をお願いします。
当日都合が悪い方は下記までご連絡お願いします。
パソコン教室ホエール 田寺教室
TEL：079－295－3500
受付：火曜日～土曜日 9：00～18：00 定休日：日曜・月曜・29 日・30 日・31 日
パソコン教室
ホエール
無料駐車場あり
N
はやしの
マックスバリュ
安室店
田寺
高岡神社
出光
図書館
生涯学習大学
安室
中学校
好古学園
大学
安室東
小学校
マルアイ
辻井7丁目
辻井バイパス
辻井
パルナソス
ホール

電腦教室whale的傳單

名身障者回應：「抱歉，我們其實對志工是很感謝的。只是我們也有付錢，我們也想像普通的客人接受服務啊！」

因為這個契機，他注意到了志工的極限，於是開設收費的無障礙旅行公司。一開始雖然受到媒體關注，卻也備受批評「旅行費用很貴，根本就是把身障者當肥羊」，創業四年後還是赤字。

因為是以身障者和高齡者為客群，必須事前調查觀光地和輪椅的使用狀況，萬一發生事情時當地是否方便找到醫師，有時還需醫師或看護師、物理治療師同行。這樣的旅行費用當然比一般的旅行貴一倍以上，但不在意費用的人就會成為會員。

和前面提到的whale一樣，身障者或高齡者在意的是環境。因為和健康的人相比，他們的動作就是比較慢，所以容易退卻。

但是Beltempo的旅行團讓他們不需要在意這些，雖然費用高一些，但能獲得合理的服務。會一起旅行的，只有贊同公司想法的會員。旅行自然是在享受觀光，但和誰同行也是很重要的部分。不貼心的導遊或任性的旅客會讓整趟旅程變得一團糟，所以會員制是客群戰略中不可或缺的要素。

第6章

成功的顧客創造法

該怎樣創造新的顧客？如果是中小零售企業，要學大企業花大錢打廣告是很困難的。

商品很好卻賣不出去的公司、料理好吃客人卻很少的店家很多，本書開頭提到的賣便當的岩田先生就說：「現在這個時代，哪裡的便當都好吃。商品本身，並沒有太大的差異，所以剩下的就是業務和戰略能做到多強的差異性。」

重新檢視岩田先生的店鋪整體戰略後可看出，他加強對外的業務，使年營業額六千萬日圓再成長一點五倍。所以就算商品和過去相同，業績還是可能成長的。

同樣是「業務」，卻有各種做法，傳統業務或上網經營、針對法人或是個人、推銷或有吸引力。

業務工具舉例

傳統業務（針對個人、針對法人）

○名片　○企業訪問　○提案會議　○電話行銷、廣告

○夾報傳單　○信箱投遞傳單

○親自拜訪送上傳單　○傳真廣告　○人脈行銷

○店鋪　○移動式販售　○參加講座或會議

○主辦講座或會議　○邀請講座講師

○參加展示會　○實際操作銷售

廣告（傳統）

○電視　○電視購物　○報紙　○廣播　○雜誌

○業界雜誌　○各地雜誌　○看板　○店頭黑板

○店頭海報　○旗幟　○交通廣告（公車或電線桿等）

○出版書籍　○試吃

網路工具

○網頁　○部落格　○Facebook

○推特　○YouTube　○Ustream

○電子報　○LINE　○聯盟行銷

○產品發表

業務工具舉例

網路廣告

○橫幅式廣告　○PPC關鍵字廣告（每點擊付費）

○Facebook

○電子報廣告

到入口網站登廣告

○jalan　○　○Rakuten Travel　○tabelog　○Gurunavi

○HOT PEPPER　○各業界的入口網站

媒體宣傳

○新聞稿　○媒體取材

○配合電視台的熱門節目

○文案　○簡介資料

○詢問顧客

○獨特行銷主張USP（Unique Selling Proposition，一秒就能傳達的魅力）

雅滋養的業務活動

以雅滋養為例，第四項發展的事業——健康食品綠球藻的推銷販售，讓他們公司的營運上了軌道。一九七五年時，是還不流行郵購的時代。主要的販賣方式是做夾報傳單，或是曾打電話的客戶就派業務員到府訪問。九州一帶也開設了代理商，年營業額成長至四億日圓。

然而，綠球藻的製造公司倒閉後沒有商品可賣，暫時轉行進入婚禮活動業。之後才又回到健康食品的販售，一開始的健康食品明日葉是靠傳單宣傳後親自到府銷售，後來因為雅瑪多運輸出現，才轉換成專營郵購。以傳單或電視廣告接受申請免費的商品試用，確立靠後續追蹤做商品販售的模式，而且近年靠網頁或廣告點擊來的網路販售比例也增加了。

換句話說，業務方式從「到府推銷」變成「傳統郵購加網路購物」了。

雖然已經是很普及不用多說的觀念，但網路對生活和商業等各個部分都引發了革命。購物還是以傳統的實體店家為主流，但因為智慧型手機的普及等，客戶很明顯地也轉往使用網路。檢視媒體廣告費後可得知，在二〇〇九年，網路廣告就已經超越報紙，成為僅次於第一名電視廣告的次多費用。

我有個朋友，他是創業進入第二年的社會保險代辦人，他的「商品」就是專門申請傷病年金，而開發客戶的管道只使用網路。除了製作網頁，也購買網路上的熱門關鍵字廣告。活動地區則是某巨大都市圈，鎖定「地區和傷病年金」，並刊登網路廣告的同業只有五間公司，現在的競爭還不算激烈，在福岡也只有一間公司。

某縣的司法書士協會*直到最近才對會員下達應克制傳統或網路的業務活動，表面上的理由可能很多，但可推測，實際上是為了保護業界老前輩的既有權力。雖然有這樣的事情發生，但我那個無視公告、開設網頁的朋友，已經透過網路吸引了大量顧客。

從「低俗奇怪」走到成功

對律師和司法書士來說，請求返還負債利息的官司是特殊需求，但成功的士業†人士對傳統廣告和網路都是貪心的。專門靠這個返還官司賺取數億日圓的司法書士認為「登廣告就會招徠客人，可說是來多少就賺多少」，所以積極地在地方雜誌、地下鐵和網路刊登廣告。

* 譯註：司法書士為日本和南韓的準司法人員，工作是協助客戶進行商業與房地產之登記和準備訴訟相關文件，其工作內容類似台灣的代書與美國的法務助理。
† 譯註：日本對各種需專業證照，且職業名稱後面有「士／師」的俗稱。

但是，大部分的事業人士對廣告和推展業務都不積極。同行的其他司法書士說：「那個司法書是到處打那種低級的廣告，評價也很差。」但那不過是同行的嫉妒，對有債務的顧客來說這個廣告可是個「好消息」。又因為這種和貸款有關的工作其社會印象不佳，在意社會評價的士業人士基本上不會想做這個，但這就是關鍵。

雖然有需求，但先發強者、菁英或一般的同業並不做，屬於利基市場。奇怪的、新穎的、沒人做的、不做不知道結果的、印象不好的、菁英不想做的、一般人討厭的，後發或創投業者應該找的礦脈就在這裡。

反過來說，大家認同的、印象好的、好像很多人在做的（想做的）領域，則競爭激烈、很難做出差異性。

訪問網路閱覽者

我不禁認同前幾天遇到的創投企業經營者的新客戶開發法。為了瞭解到底有哪些公司前往自己公司的網站，他安裝了相關軟體。然後根據登錄次數的頻率等，列出認為對自己公司具高度興趣的公司名稱，接著前往該公司拜訪，佯裝自己只是巧合。不刻意推銷，只是遞上資料並簡單聽一下對方的需求就離開了，然後再以約訪感謝明信片等做後續追蹤。

一般的拜訪業務沒有什麼效率，但這是以對自己公司感興趣的人為對象。只要掌握訣竅，肯定能「大豐收」。

文具或書籍等單價低的商品在網路販售的機會增加了，但針對法人販售的高價、需要面談或開會的商業場合，還是以傳統的業務方式為主，經關係人介紹或口碑推薦的方式比較有利。但是，在網路上尋找新對象也變得很一般了。所以，在詢問的機會來臨前，主動製造前往拜訪的機會是相當優異的肉搏戰。

某房屋修繕公司的訂單來約，幾乎百分百是透過網路取得。但是，最近網路上的競爭對手增加了，他們也開始討論傳統傳單的可行性。此外，客戶估價時也會找三至四家相互比較。不過他們在實行「某件事」後，得到訂單的準確率提高了，那就是「估價當日隨即寄出感謝明信片」。

我另外一個朋友，福岡市房屋修繕公司HOME TECH的社長小笠原良安，他說他們從創業期就力行估價後寄出感謝明信片。

「收到訂單當然該致謝，但我在最開始估價的階段就寄出感謝明信片。確實有顧客受此舉感動而願意和我們做生意。」

超越網路的傳統營業方法

順帶一提，HOME TECH在全國有十三間店，年營業額四十億日圓。雖然有個華麗的網頁，但主要營業方法很傳統。首先是確認負責區域的獨棟建築，外牆龜裂、褪色，好像需要重新油漆的房子會先投遞廣告，如果對方來電預約詢價就順勢推展業務。因為不是等待廣告效果的業務方式，而是主動尋找需求的推展方法，被顧客拒絕的機會也很多，需要非常強的自信心。

小笠原社長說：「等待廣告或網路效果太慢了，到那個時候一定又要經過估價比較競爭。在顧客考慮修繕之前，也就是在需求顯現前就著手，才不會淪落到和對手削價競爭。」

追蹤原有顧客和潛在顧客的工具有明信片、電子報、公司會報等，根據塞瓊克的曝光效應（mere exposure effect），不認識的人是有攻擊性的，會對其抱有警戒；隨著接觸次數成比例的提升好感；了解那個人的另一面後會更有親近感。推展業務也是完全一樣的，一開始大家都是第一個的狀態。後來因為再度見面、明信片、公司會報，最近還有臉書等，透過傳統方式或網路繼續接觸，自然能增加訂單。

能夠讓你有意識實踐第二項狀態的工具之一，是由Five Star Partners的蒲池崇所命名的「個人通信」。這是公司或店家發出的「公司會報」個人版，內容則是將社長（或業務員）感想或當月發生的事寫成私人訊息。蒲池先生負責個人通信的代為製作或製作諮詢，經營便當店的岩田先生也每個月製作手作「北海亭新聞」給原有顧客，雖然只是一張A4，但有很多人不擅長寫文章或沒有時間製作。蒲池先生就是把焦點放在這裡，每個月花大約一個小時的時間聆聽客戶（業務員或社長）的本月事件，然後代替他們製作A4大小的個人通信。

參加講座或讀書會（傳統業務方式）

蒲池先生自己的課題則是，如何開發新的簽約客戶。一開始他透過認識的社長介紹，有三家公司和他簽約，接著他每月傳真自己的個人通信給認識的人，又獲得了數間公司的合約。再之後，他參加了竹田陽一的講座。

講座中有創造常客的「顧客戰略」教學，雖然介紹了很多後續追蹤的具體例子，如感謝明信片、傳真、公司會報，但能自行製作的人很少。這個結果，讓蒲田先生於講座時一定能得到參加者的委託。

在福岡經營公司會報製作公司RAKUPA的園田正一郎，創業之初也是到處參加福岡的經營講座。只要持去發送給曾交換名片的人個人公司會報，就會有一定比例的委託案件，前面說過的Design Grace的根本先生也是這樣。

如果客群是中小企業的社長，出席經營講座或讀書會是極為有效的業務方式之一。一般的公司拜訪或電話行銷，有百分之九十九的機率被拒絕，但這樣的相遇非常自然，彼此不會有警戒心。當然了，如果一見面就馬上推銷肯定被討厭。因為才第一次見面，還沒建立起信賴關係。和明信片和公司會報一樣，先克制想要推銷的心情，好好建立人脈。

持續五年，每年寄出三次手寫明信片（傳統業務方式）

在名古屋市的壽險代理商定期提升業績，現為活躍財務顧問的山幡道明，他的工作密技就是寄出手寫明信片給曾經見過的潛在顧客。最厲害的就是他能持續不懈的後續追蹤那個曾經見過的人，他連續五年，每年寄給對方三次手寫明信片。他說這個動作的結果讓他得到半數以上他設定為顧客的人的訂單。

以下是我在讀書會說過，山幡先生在保險代理商工作時的故事。

首先在講座或交流會和可能成為顧客的人交換名片，然後只要持續寄出手寫明信片就能漸入佳境。絕對不能用印刷明信片，統一寄出的郵件訊息也不行。我曾試過，完全沒有效果。即便麻煩也要個別書寫，然後每隔四個月寄出，要連續寄五年。總計是十五張左右，上面當然沒有提到和保險或促銷有關的文字，接著就很驚人的會自然得到保單了。

你認為客人跟我買的理由是什麼？雖然提到商品內容和公司品牌等，但最重要的是信用和信賴。特別是保險這樣看不見的商品更是如此，公司的品牌或商品和其他對手沒有太大差別。於是，客人看的就是這個業務員值不值得信賴了，這佔契約成交原因大約四成。

但我過去就是個傻瓜業務，還沒有信賴關係就馬上推銷。見過面後就打電話或寄廣告、郵件和對方推銷，公司會報或〇〇新聞也是一樣。不論對象寄出相同的印刷品是種怠慢，所以我改成手寫明信片顯現差異。而且不是只寄一次感謝明信片，而是每年三次、連續寄出五年。「手寫加上持續」是關鍵，寫些「春天快到了呢」之類的，只有一行文字也可行。

潛在顧客的心理是「反正是想來推銷的吧！但手寫明信片很難說丟就丟，而且還是定期寄來。一年好幾次，已經持續二、三年了。雖然知道這就是他的工作，但毫無回應也覺得不太好意思」。

此時若是在某處遇到，就會寒暄「啊！謝謝你常常寄明信片來！」之類，想跟對方約見面談談也很容易成功。這可歸功於我連續寄出手寫明信片二、三年了，有時候還會發生才寄出來二、三次明信片，就有回應「太好了，我剛好收到其他公司的提案，可以問一下你的意見嗎？」還突然讓我得到二千萬日圓的保單。其實，在我開始這個手寫明信片作戰的五年前，是因為突然遇到一個案件才持續到現在。我平常會留下大約五百人的顧客卡片，按月整理進不同的盒子，明信片寫完後就將卡片移到四個月後的盒子，每天寫三十分鐘，大概七張明信片。

很簡單喔！每個人都做得到，只是效果要五年後才出現（笑）。

以上的故事也可以套入「塞瓊克的曝光效應」。

- 不認識的人是有攻擊性的，會對其抱有警戒
- 隨著接觸次數成比例的提升好感（此處是使用明信片做間接接觸）
- 了解那個人的另一面後會更有親近感

當然，山幡先生不是只因寄出明信片就變得那麼順利啦！他鎖定「商品」、「地區」、「客群」為中小企業經營者，「業務」為出席名古屋周邊，會有經營者群聚的講座或交流會，找出明信片該寄給誰，也就是確實、反覆的收集潛在顧客的資訊。

而且他為了學會業務戰術，不停反覆學習業務專業顧問的教材或課程，業務話術或應酬語法的自我訓練也從未少過。加上他每個月會重新將夢想、目標、人生計畫、經營計畫寫在紙上，每天早上花二十分鐘的時間，看著那張紙，把上面的字念出來，確實進行這個維持動機的儀式。

主動當講座講師（傳統業務方式）

其實山幡先生、根本先生、園田先生、蒲池先生都在當經營講座的講師（不論是外部企

業邀請或是自己主辦的），山幡先生的是「明信片營業法」、園田先生和蒲池先生是「公司會報製成講座」和「個人通信講座」、根本先生是和商標相關的「個人品牌建立講座」。他們各自的工作原就是理財規劃師或廣告製作，擔任講師等於角色變成了「老師」，能自然地和手上工作緊密連接。其實，講座參加者若能以講師身分進行活動，也能提升自己事業的形象，成為活廣告，有助業務活動。

要在人前演講，每個人一開始都會緊張、表現笨拙。我也失敗了好幾次，在聽眾面前丟過臉。竹田陽一說：「這就是機會！因為大家都不想在眾人面前丟臉，菁英更是意外的不接演講。」在做房仲業務的朋友開辦了「不失敗的蓋房講座」，講座中並不推銷公司物件，而是以初次蓋房子的人為對象，客觀的講授住宅建築的注意事項，並一個一個的仔細回答大家的疑慮和問題。三個巡迴結束後，就會有參加者跟他說：「老師，我想跟你買。」多的時候還會有超過一半以上的參加者呢！

傳真營業法的奧祕

以全國士業為目標開設經營顧問講座的Max Visio柳生雄寬，在臉書上的人氣很高，而他主要的講座集客法就是傳真廣告。利用大量發送傳真的代理公司，以傳真告知各地區的士業從業者有說明會。我每年也會收到數次，但我想的是「在網路時代用傳真，也太落後了吧」。

和過去相比，傳真的發送量確實大幅減少了，簡單的往來都轉移至訊息傳送了。「所以更好，傳真的對手很少。」柳生先生笑著說，士業從業者對網路生疏的人很多，平均年齡也高，這樣的客群最適合傳統業務法。

介紹業務

「士業若要開發客戶，最有效的其中一個方式就是經由其他士業從業者介紹」，這句話是以士業為讀者，有許多著作的橫須賀輝尚。士業有稅務士、社勞士*、行政疏士等各種專業領域，若有顧客找稅務士討論勞動問題或就業規則，就會介紹給認識的社勞士，其他的士業業界也是類似的狀況。

* 譯註：勞資方面的專業人員，處理勞資糾紛或是厚生年金的問題。

前幾天，我參加了大阪專門負責建設業的行政書士山口修一的建設業交流會。同樣是做建築相關的社長，也有分成外牆塗裝、內部裝潢、建築工人、電工各種專業。頻繁的工作介紹，「平常都靠大企業發包，真的很感謝」皆大歡喜。所以要積極參加這種不同行業的聚會，這也是練習和不認識的人溝通的好機會。

各縣的經營者組織有商工會、法人會、青年會議所、中小企業家同友會、倫理法人會等，一定要去參加一次。

會面後的後續追蹤推廣

傳統業務方式基本來說就是「交換名片↓感謝明信片↓靠公司會報或傳真繼續接觸」。名片的背面寫上自我介紹、手寫明信片、公司會報裡不能流露出想推銷的心情，訣竅就是像連續五年、每年寫三次明信片的山幡先生那樣，一點一滴地建立起信賴關係。

網路業務方式則是「交換名片↓用郵件或臉書等道謝↓整理清單，定期寄出電子報」。寫成這樣看起來很簡單，但每樣都有實際執行的人連一成也不到。前面提到的橫須賀輝尚，在一片黑暗的創業期全部都做了，而且還將活動詳細寫在部落格上，不一會兒時間就成功了。

這樣的業務方式就算失敗了也沒有風險，行動第一。

強烈的「感謝參訪」

身為後發士業卻屢屢獲得顧客的A，參加了各種聚集經營者的場合，交換名片後就寄出感謝明信片。然後用郵件或臉書等和對方閒聊，偶爾也會寄出公司會報，到這裡都還是常見的。

不久後，A前往目標公司拜訪（有時不提前預約）。因為事前已接觸過幾次，對方也很自然的「啊！你好啊A！」閒聊後就馬上離開。此時留下自己主辦的迷你讀書會傳單很重要，只靠郵件或傳真傳單通常都不會有回應。但是「到對方公司露個臉」，據說讀書會的參加率和工作委託的頻率就會再成長一個階段。

「聚會中相見↓感謝明信片或郵件↓到對方公司拜訪後留下傳單」

這就是真正的感謝參訪，果然還是不能想著要輕鬆提高效率啊！如果想增加效果，就要把自己當成明信片，親自去對方公司，面對面乃中小零售業的業務基本。

經常比對手更接近客人一步

夕陽產業其中之一的家具業界中，成功直接販售給客戶，持續奮鬥的就是福岡縣大川市的生松工藝。年營業額六億日圓，幾乎沒什麼變動。營業額六億日圓中的三億日圓來自過去長期經營的中盤商或小盤商，另外三億日圓則是透過網路直接賣給顧客所收到金額。直售因為沒有小盤商的中間價差，客戶能買到比較便宜的東西，賣方也能比賣給小盤商賣得更高，對買賣雙方都有好處。

像家具製造這種夕陽產業，如果不認真考慮直接賣給顧客的做法，未來可能十分堪慮。地方縣市因為認真想做網路販售的人不多，找到利基市場後具有一人得利的可能性。

強者遠離終端使用者，依靠電視廣告或夾報傳單大範圍的宣傳，目標是大量販售的大筆訂單。弱者就算做一樣的事也贏不過他，弱者不須離開顧客做大量販售，而是要直接接觸終端使用者，使出肉搏戰。要經常比對手更前進一步，也就是更接近客人。這就是肉搏戰的思考方式，中小零售企業能做到多接近的肉搏戰，就是他們是否能生存的重要關鍵。

觀光地的超強肉搏戰

以前我曾和著名的社會保險代辦人西塔秀幸去山形的觀光景點藏王，要乘坐前往山頂的纜車時被拍了照。想必是在回程時會在「請往這裡」展示販售吧！我本想無視，「誰要買啊！這些隨便亂推銷的傢伙！」但是看到同伴的照片後我想法改變了。

「我的不用，但老師的我來買吧！」

「不用，不用啦！」

「不，要買來做紀念啦！」

「那我來買栢野你的吧！」

結果，我們互相買了對方的照片。一張一千日圓，我們就是這樣，明明觀光客大多都有帶自己的數位相機，真的不需要這種一張一千日圓的照片，但還是得說他們真會做生意。

在那裏做生意的是個三人組，有拍照片的（攝影師）、有人負責印出來、還有人負責展示販售。利用客人的立場，我順勢問了很多話。他們一天就能賣出五百張照片！也就是一天五十萬日圓的毛利。就算一週只工作一天，一年也有二千五百萬日圓。如果六日二天都工作，一年就有五千萬日圓。三人平分，一人是一千五百萬日圓。這太厲害了！就算是仙台市內的照相館出來擺攤也能夠回本，我真心佩服。

從以前開始，照相館不管在哪都很辛苦。除了數位相機和智慧型手機的普及，STUDIO ALICE那樣的便宜攝影棚也來爭奪需求。以為已無法招架了，於是使出肉搏戰，若客人不來店裡，那就前往人潮聚集的地方吧！因為是夕陽產業只能放棄是很簡單的，但這讓我知道只要下功夫還是能找到生路。

接下來，要請大家看看在埼玉縣埼玉市經營自動車床商社的鈴木夫妻是如何逆轉劣勢的故事。他們和賣便當的岩田先生一樣，創業後就拚命努力，不過一直沒有成果。但是，重新鎖定商品、地區、客群後，作為開拓新客戶的一環，每天上傳一分鐘的影片到Youtube，據本人所言「只是改變了做法，年營業額就成長為十倍」，請翻開下一頁。

個案研究2

一早「上傳Youtube影片」讓年收入增加十倍

——鈴木佳之社長（株式會社鈴喜）

創業已經六年了，但在第一年就遇到了清算危機，存款也幾乎見底的嚴峻情況。創業金是退休金八百萬日圓，我以為這是有相當準備的開始，但錢減少的速度實在飛快。

不到一年的時間就把八百萬日圓花到要見底，第二年雖然妻子的壽險解約拿到六百萬日圓，但也漸漸用完了。在春日部的家庭菜園種了蔬菜添做食材，但也只是過著拮据的日子。

我原先在Star Micronics這間販售自動車床的上市企業工作了二十一年，薪水也相當的充足，但創業後生活就變了。生活變得戰戰兢兢，連小孩的零用錢都給不出來，還有餓肚子的回憶。

在我過著這種悽慘生活的時候，遇見了恩人菅谷信一（影片行銷顧問）和後藤充男（簿記教室，士塾塾長），他們教導我每天早上上傳影片到Youtube等各種戰略，到了現在，我終於脱離逆境了。我是怎麼做，讓我從瀕臨破產變成三年後就賺到累計三億日圓的呢？其實沒有什麼特別驚人的方法，這是每個人都做得到的事，讓我稍作介紹。

我們夫婦開設的是做自動車床這種工作機械的販售公司，所謂自動車床指的是小工廠常見，用來削刨原料的小型工作機械，顧客會使用這部機械削刨三公尺左右的金屬棒，製作剎車等汽車零件。

市場規模小，是小眾領域。所以在Youtube搜尋很容易就找到了，其他同業幾乎都是靠著工作機械綜合商社的頭銜做生意。去小工廠推業務時，打出「工作機械我們全都有」是很普通的，但我們公司鎖定的商品是自動車床。

差異在於中古販售

我們公司的事業內容除了販售全新的自動車床，因為新品賣出後就會有舊的自動車床，所以我們也做中古機械的販售。

在國內，能不停販售全新自動車床的時代已經結束了。日本的製造業已經被亞洲各國超越，每家公司的經營環境都很嚴峻。因此，最近賣的不是新品，而是中古機械的販售比例節節上升。

栢野先生在DVD裡說：「弱者或中小零售企業不要賣新品，要賣二手貨！」我在創業初期還很懷疑「真的是這樣嗎？」然而，新品的競爭確實非常激烈，個人經營的小商社沒人相信。另一方面，大企業也不在意中古機械。販售中古機械的話不須和大企業競爭，著實不錯，我注意到這件事時是創業第二年。

我創業的時間是雷曼兄弟事件經過一年半後，也就是二〇一〇年四月。那時是日本製造業狀態最糟的時候，我又在那時候創業，周圍的人都十分擔心。以前我是在Star Micronics這家於東證一部上市的企業，工作非常穩定，當我離職時，許多人擔心的說：「喂，你這種時候辭職好嗎？」

我心想，創業能追逐更大的夢，大家應該都會為我加油吧！然而父母不這麼希望的表示「不要做那麼無聊的事」，光是說服他們就花了我一番口舌。

想如自己所願的做生意

領人薪水時，雖然工作也很有挑戰性，但因為還是個上班族，公司的經營階層決定好販賣計畫、定好數字後，就會要我們「照這個目標去做」，所以我也會覺得有點無趣。如果能按照自己的想法、跟自己喜歡的客人、販售自己喜歡的機械，工作一定會更有趣。因為想照自己喜歡的方式做事，我決定獨立創業。

我在Star Micronics時是負責關東、東北、靜岡的業務，我的公司車曾經一天就開了一千三百公里。雖然非常辛苦，但也十分充實。

Star Micronics的直接販售比例大約二成，大多數的業務來源都是商社，但商社並不太了解機械相關的事。所以，如果有機械相關的商談，我們就會跑去遞出估價單，加上商社的毛利，然後簽約，新品的平均單價落在一千五百萬日圓左右。

Star Micronics有個支持員工夢想的制度，所以我利用該制度在四十五歲獨立。我非常喜歡Star Micronics，直到現在也都覺得能賣Star Micronics的機械十分驕傲。

但從創業時的雷曼兄弟事件後已經過了一年半，市場環境還是沒有好轉。不過因為我是想要有自己公司才決定獨立的，還是充滿幹勁。我做這些不是為了公司，而是為了自己，所以還是充滿活力。至今為止的人生，最後也會變成過得去的樣子，這次肯定也是船到橋頭自然直，我懷抱樂觀的心情。

完全賣不出去

然而實際進入現場後，被環境真的如此不好嚇到說不出話。因為我過去一直是具有信譽的上市企業上班族，所以賣得出去。一旦離職，就只是個個人。雖然我也想過會是這樣的狀況，但沒想到個人公司是這麼不受信賴的，打擊很大。

原以為會跟我買的客人，我去拜訪了三次，但卻得到如此回應「我們不和沒有力量的個人做生意」、「我們不和個人代理來往」。而且他們的遣詞還很過分，但冷靜地站在客戶的立場思考後也能理解，要價一千五百萬至三千萬日圓的機器，和剛創業的零售企業購買沒問題嗎？

我真是太天真了，但既然都開業了，也沒有回頭路。加上我都離開Star Micronics獨立了，雖然也有離開公司後又想回去的人，但Star Micronics並沒有二次雇用的制度，我已沒有退路。

白天，就算待在公司，電話也不會響，沒有生意上門。機器既賣不出去，也沒有人想來估價，我只是不停地在外面轉圈圈。

在公司的時候，只要翻閱顧客名單就知道有哪些工廠使用自動車床，然後以埼玉縣內為起點，往栃木、茨城、群馬、千葉一家一家的拜訪。所以創業後一年，我大概跑了三百家左右的公司，但結果卻不如預期。

終於在第一年度的後半拿到了一張契約，但對方要的是二十年以上的中古機械二台，所以我沒有賺錢。但因為是第一張訂單，還是非常高興。而且還在年度終了前又訂了二台新機械，雖然我們也給了相當好的折扣，但總算成交了。

第一年的營業額是二千五百萬日圓，但是因為我沒注意到利潤就給折扣，變成六千萬日圓的赤字了，離職金八百萬日圓瞬間消失。

這個原因不只是因為折扣，還因為我維持著上班族時代的感覺，沒注意經費使用。

我從事務所所在地埼玉市，開車前往靜岡、東北各地，經費相當可觀。原以為我把住家兼做事務所能節約經費，卻沒注意到我的交通費和當上班族時一樣。因為當上班族時，錢不是自己的，經費無上限，而我還沒脫離那個感覺。同樣的，我也沒調降自己的生活水平，維持著上班族時代的生活。明明沒有賺錢，只能吃蕎麥湯麵，卻點了炸蝦蕎麥麵來吃。但在第一年，我想的是「反正還有錢，肯定過得去」。

創業第二年時，簽約的狀況還是沒有好轉，一樣糟，生活費也見底了。說來有點慚愧，我將妻子的壽險解約，填充生活資金，然後吃自家種的蔬菜，節約伙食費。對還是小學生的二個小孩，也留下了很可憐的回憶。完全不外食，也沒辦法去看電影或迪士尼樂園。孩子們可能也感覺到我的問題，所以也不會說想去哪裡玩，或是想看電影。

使用過去的顧客名單的下跪拉業務，很明顯的已經沒用了。已經沒有退路的我，只覺得什麼都要做。當下著眼的便是網路，一直以來都靠傳統業務方式，我想網路上肯定還有什麼我可以做的。

我想製作網頁，所以找了網頁製作公司。雖然去了幾家公司，但都是些不怎麼樣的公司。我已經站在懸崖的邊緣了，雖然只是小支出，但如果沒有效果我也不想付啊！「每月一萬日圓我就能讓鈴木先生的網頁出現在網路搜索的前幾名」，雖然有公司這樣提案，但詳細聽過他的做法後卻覺得有點可疑。

邂逅後的三個作戰

我聽很多人說，也上網查過，並且讀了影片行銷顧問菅谷信一的書。內容包羅萬象，引起我的興趣。於是馬上連絡了菅谷先生，創業第二年的聖誕節前夕與菅谷先生見面了，而那就是我的轉機。

人與人的相遇能開運是真的，遇見好人則能出現相乘效果，而我的那個人就是菅谷先生。

我為了製作網頁找來了菅谷先生，我以為一定「能聽到什麼好方法」，但他沒一句話和網頁製作相關。也沒提到和經營相關的話語，出乎我的預料。也許菅谷先生認為「這個人沒什麼錢，就算告訴他也沒有用吧」，雖然沒談論這些，但菅谷先生認真的問了我過去到底做過哪些事情，接著這麼說。

「我十分清楚鈴木先生你一年跑了三百間公司是很努力的，雖然比不做這些事的人優秀，但是缺乏戰略的跑了三百間公司，開車開了二、三百公里到處拜訪，這只是浪費時間在移動上。」

當時的我還沒做過任何學習，所以想的是「雖然你說移動時間很浪費，但怎麼可以不去客戶那裏。這個人到底在說什麼啊？」無法馬上理解菅谷先生的話。

和菅谷先生的對話並未前進到花錢製作網頁，而是在討論傳統業務方式的戰略，然後他教了我具體的作戰方式。

我一邊聽，就覺得照他說得確實能得到效果。

菅谷先生教我的就是以下三項。

1. Youtube 加部落格作戰
2. 明信片，傳統業務作戰
3. 菅谷式公司會報作戰

並對我說：「為了實踐這三點，請你明天開始早上四點起床工作。」

我是真的這麼想，反正也沒有退路了，而且菅谷先生的話又好有說服力。

明明是找他討論網頁製作的事，卻完全沒提到相關問題，反而教了我「做這些說不定會成功」。而且完全沒有要收我學費的意思，所以我相信他。後來也和他請教了很多事，但他真的完全沒跟我提到要收錢。現在請他幫我製作網頁，雖然有點貴，但因為公司已經開始賺錢了，所以沒有問題。菅谷先生對我說：「先賺錢吧！」他也真的讓我賺錢了。

其實菅谷先生也是在背後支持前拳擊世界冠軍內藤大助的人，那個人說：「只要四點起床做這些事情，百分之百會成功，我保證。」只要照著那個人說的話做，說不定我也能成為世界冠軍呢！我不是胡亂這麼有信心的，而是因為那些內容我都十分認同。所以我決定要這麼做，在車站和菅谷先生握手言謝後，送他離開。

早上四點開始做功課

隔天開始我就四點起床，完成菅谷先生交代的功課。功課的內容是，早上四點起床拍攝露臉影片，一天上傳Youtube三次。部落格則是寫下能顯露自己的文字，每天持續這些事情。如果我的資金還有八百萬日圓，就算見了菅谷先生也不會開始Youtube或部落格吧！「一天要上傳三次影片到Youtube，這是什麼蠢提案。移動時間是浪費？不要說蠢話好嘛！」肯定是這麼想的吧！

被逼到極限就是最大的機會，我並不是個努力的人，但因為那時就是想抓住一根稻草往上爬，所以不論什麼方法我都想嘗試。

而且透過菅谷先生的介紹，也知道後藤充男（簿記教室，士塾塾長）這個人，動力更強了。我第一次去看後藤先生部落格時嚇到了，裡面寫的全是自己的事情，而且那個程度很誇張。連自己的性癖都毫無保留的寫在上面，居然如此大喇喇地寫出來實在很驚人。寄出信件給後藤先生，收到第一封回信時，我到現在都還清楚的記得，內容寫著「請不要有任何隱瞞，馬上實踐、一定要持續下去」，後藤先生也告訴我他那種暴露部落格的詳細know-how。

接著，在菅谷先生來過的隔天，我就馬上開始Youtube和部落格作戰。

二〇〇六年Youtube成為谷歌的子公司，那時谷歌的搜尋標準也有了改變，Youtube的搜尋結果變得更前面。

因此只要在Youtube影片的名稱輸入自己的關鍵字（像我就是「自動車床」），搜尋結果就會出現在前面。這就是關鍵，我對數位產品很不擅長，自然也不想露臉，但現在不是說這些的時候，只能硬著頭皮去做。

沒有退路太好了

想到Youtube能成為公司的宣傳工具，就覺得要越過障礙也不是那麼困難了。看Youtube的人雖然很多，但會上傳的人是少數派。而且自己露臉又很害羞，不太有人願意。我十分理解這種感覺，光是拍影片時說句「你好」，就再也沒哏了。因為覺得這樣的影片一定很無聊，還硬拉孩子們陪我拍攝影片。

當時我對小學二年級的女兒說：「跳舞的話給你糖果。」這樣拜託他，結果她很開心地跳了，還興奮地對我說：「還要再拍嗎？」真是太好了，你應該也想過要看看別人家的狀況之類的吧！雖然無法做到後藤先生那種程度，但是拉孩子們或妻子一起來拍影片，然後上傳Youtube已經是我的日常。

影片標題有時是「自動車床專業商社的菜園！」或「自動車床專門商社正在整理女兒節人偶」，很鬧、和工作完全沒關聯。但你會感覺很親近吧！

把羞恥心和評價放一邊，赤裸裸的表現自己。雖然說是戰略，但我認為是只能這麼做了。

上傳Youtube影片後輸入關鍵字，二、三天後再次搜尋就會看到自己的影片出現。

「出現了、出現了！由美在跳舞喔！」因為沒錢無法外出，我們在家裡看著影片也很興奮。

雖然是工作，卻也有半分玩樂的感覺。雖然「自動車床專業商社的晚餐」這種影片沒人要看，但也有認真的影片。一天上傳一支影片，一年就有三百六十五支。一支影片若有三個人看，一年也有一千次的觀看次數，亂槍打鳥也會中。

例如名稱「自動車床專業商社今日進貨研磨機！」的影片就有一千九百次的觀看次數，前陣子就被研磨機廠商稱讚了。

「鈴木先生，我們家影片的點閱率變多了。那個影片在公司內頗獲好評，很棒呢！」

因為那支影片，「桐生市的客戶想來詢問機械購買問題，鈴木先生你有空嗎？」有工作上門了。這全是因為我被逼到無路可退才做出來的呢！

大企業做不到

如果是Star Micronics這樣的公司，就無法做這種蠢事了。不久前，「有個離開Star Micronics的傢伙，在網路上上傳了很厲害的影片耶」成為Star Micronics的話題，公司總務部還來問我「到底怎麼了」。

我回答：「我盡一切努力在做，因為不賣出Star Micronics的機器不行，雖然有點形象破滅，還請你諒解。」

上市企業的形象很重要，所以員工是不能做這種事的。在公司內會是個大問題，也就是公司不會答應。

Youtube影片的關鍵字，我第一就設定「自動車床」和「Star Micronics」。第二層關鍵字市「埼玉縣」、「群馬縣」、「茨城縣」，然後上傳四十七都道府縣的影片。我想找到各縣能加工自動車床的地方，例如搜尋「自動車床」和「神奈川縣」，我的影片就會很快出現。如此一來，就會有人留意「這什麼」，於是我開始輸入四十七都道府縣，下一步是記錄市町村等。

我在影片中說的是這樣的內容。

「我是株式會社鈴喜的鈴木，我們是自動車床專業商社。如果你對自動車床有任何問題，請與我聯絡。但，也許最有問題的是我喔！（笑）」

這段影片我用智慧型手機拍攝，只要使用能固定手機的道具，在車裡也能拍攝。開始拍攝和結束的動作也會拍到，但這樣更有素人感，更親切。看起來很遜也沒關係，耍帥也沒關係、內容沒什麼變也沒關係，只要標題不一樣，就容易被搜尋到。

一開始我為了充實內容想了各種做法，但中途覺得內容怎樣也沒關係，所以每次的內容都大同小異，只改了標題。關鍵是讓人容易找到，點選資訊欄位裡的網址就成功了。「他應該是自動車床業界的人吧？」、「自動車床專業商社是什麼？」、「他是誰？好奇怪喔！」只要能獲得這些想法就夠了，這樣一來，如果是業界的人就會想看看網頁吧！

我現在的網頁裡有部落格的詳細內容，還有至今為止的公司沿革與販售內容。寫完部落格文章後，我會在留言的地方貼上Youtube的網址，習慣之後大概三分鐘就上傳完成了。

這樣的工作最近全由妻子負責，她每天早上快速拍完影片後，花十分鐘上傳Youtube和部落格，然後再開始工作。因為不是很長的影片，只要有智慧型手機就夠了。

但是，要拍攝、公開自己的影片，一般來說都會覺得很害羞。一開始的難關就是要跨過這個，接下來是能否持續下去，這點非常重要。

第二個月就有七千萬日圓的營業額

和菅谷先生見面後經過一年九個月，我上傳了六百支影片。頻率大概是一天最少一支，雖然一開始他告訴我一天要上傳三支，但我有時做不到，所以就以這個頻率上傳了。

順帶一提，雖然我在Youtube影片中有說「二十四小時年終無休」，但還沒有半夜打來的電話。幾乎都在早上九點到下午五點打電話來，但是說出「二十四小時全年無休」能讓客人覺得我是認真的，揪甘心。常被說「你很厲害呢」，對增強信用方面有很大的效果。

上傳Youtube影片後轉貼到部落格，剩下的就等它自己在網路上擴散。不論夜晚或假日，我們公司的買賣因為客單價高，就算是中古機械最低也要一百萬日圓，上限是新品的三千萬日圓，透過影片和部落格有完全不認識的人來詢問，能產生這種連結真讓我非常感謝。因為我賣的商品價格很高，能有談生意的機會真的幫了我很大的忙，所以就算是冷淡地詢問我也很感謝。

「我現在在川口經營自動車床公司，我看到網路上的那個。你做了很有趣的事呢！」這樣的電話也沒關係。

「啊！這樣啊！那下次我就露臉吧！」我這樣回應。

Youtube和部落格的效果真強。

但也不是光靠這個就會有源源不絕的訂單，影片和部落格只是「契機」，真正和營業額連結的是傳統業務方式中大家都知道的，與顧客的關係連結，這點我後面再說。

以我為例，效果在影片上傳開始二個月後出現。因為影片而有人來詢問中古機械，接著我馬上拜訪加深連結，短期間內就累積了七千萬日圓的商談。從此刻開始齒輪就往好的方向轉了，Youtube帶來了潛在客戶，和該顧客以傳統業務方式接洽後開始肉搏戰，接著是後續追蹤到結案。託影片和部落格的福，我能和這些完全不認識的人做成生意。它的效用也與客單價高有關，我非常有感覺。

面對新顧客，為了不讓對方成為一次性顧客，會繼續往來，必須靠傳統業務方式後續追蹤。最近託大家的福，外出商談的時間變多了，Youtube影片的製作和上傳就麻煩妻子了。「這什麼」雖然都是讓人這樣感覺的影片，但因為反應良好，詢問的電話也很多。客戶提到「你居然連太太都出賣了啊！」這個話題的機會也多了，就某種意義上來說，應該算是很有人氣吧！

——接下來換鈴木社長的太太，友美來和大家說故事。

太太啟動

剛開始，要自己拍影片上傳我真的很不願意，很不爽。問我為什麼不願意，因為名字、聲音、長相全部都會顯現在鏡頭前，留下記錄。這很尷尬啊！

即使這樣，我現在卻也能夠平常心的做這一切了，我就稍微提一下這一切心境的轉變好了。

雖然以前丈夫就經常拜託我「拍啦！拍啦！」幫他錄影和上傳，但我也跟他說，其他的事我都可以幫忙，唯獨Youtube我真的不想做。我就是這麼的抵抗這件事，所以Youtube作戰都是丈夫一個人進行。

他拍攝影片的時間通常是跑完業務或出差回來後，一般來說是深夜，而且一臉疲憊。那個程度大概是早上和他說完「路上小心」，送他出門精神飽滿模樣的一半電力吧！看起來憔悴、疲累、臉色很差，看到他這個樣子，我會隱隱覺得「是否我來做比較好呢？」但這還是太讓人害羞了。

有好一段時間，丈夫都是一個人負責影片上傳，偶爾也會有「我看了Youtube」這樣的詢問電話打來。我也只是回答：「啊！謝謝！感謝您的觀看。」

因為覺得收到了自動車床的洽詢，所以真的很開心有人觀看。卻沒想到，那個人說了令人意外的話。

「那個，社長的臉色很差耶，身體還好嗎？」

原來不是要來問自動車床的事，而是看了丈夫的影片後，因為擔心他的健康狀態而特地打電話來的。

「沒事的，身體很健康喔！感謝您。如果要詢問自動車床的事再麻煩您來電了。」我這樣回應，但之後還接到二通同樣的電話，這讓我受到相當的衝擊。

我心想「身為妻子，已經不能再因為尷尬而覺得討厭了」，於是開始幫忙拍攝影片和上傳。剛好那個時候，菅谷先生來了二次，「做了之後就會習慣，和那些豁出去的女演員相比，這沒什麼好害羞的啦！再投入一點吧！」推了我一把，後來也慢慢覺得沒什麼了。

我在Youtube裡說的其實也不是什麼很了不起的東西，每次都講一樣的話。今後的目標，除了國內外的自動車床洽商，還想接到來自海外的金屬零件加工工作。在雷曼兄弟事件之後，金屬零件加工的工作權被單價便宜的海外國家搶走了。

但是，日本的品質管理和加工技術是全世界都稱讚的，我想努力宣傳這點，從國外取得加工單價高的工作。丈夫從客戶那裏常聽到二句話，一個是「國內接不到工作，可能公司要在自己這一代結束了」，另外一句是「如果國內沒有工作，那就從海外接訂單吧」。

聽到這些話的時候，我們想的是到底該做什麼？現在則是我能做到什麼？如果是馬上就能做又不花錢的事，那肯定是Youtube作戰了。接下來我們的目標是全世界，打算製作英語影片。

其實我現在已經完全不害羞了（笑），還向美國提案「請給我零件加工圖，一張也好」。

我其實原本英語完全不通的，但想太多肯定更不會做，就說了各種句子，像是「Please send drawing」（請給我圖）。如果能成為連結海外客戶和國內零件加工商的腳色就好了。

——再回到鈴木社長的故事。

雖然是老王賣瓜，但因為妻子幫我做的這些，真的是很大的助力，請各位也一定要請妻子協助你。

每天早上寫一張明信片

但是，只上傳Youtube影片也不會有訂單。和詢問方實際見面聊過後，再用感謝明信片做後續追蹤。菅谷先生告訴我，每天四點起床後，練習寫張明信片。沒有這個習慣的人光是明信片的收發都會覺得辛苦，為了養成習慣，我持續每天早上寫一張明信片。

因為每天都寫明信片卻沒有那麼多要寄的對象，所以也會寄給住在鄉下的父母親或弟弟。因為是連電話也很少打的家人，突然收到我的明信片肯定很驚訝，但我想他們應該也很開心。我也寫了「感謝你」的明信片給妻子，雖然她沒回信給我。

寄出明信片後，每當和客人見面，他們就會說：「感謝你寄來的明信片。」這件事肯定會在客人心裡留下印象，在這樣的數位時代，這種傳統的方式更能發揮效果。

因為競爭對手不會想到要寄明信片，所以這件事反而讓我更與眾不同。

有了「Youtube加部落格」和「感謝明信片」，加上菅谷先生傳授的，二個月發行一次公司會報。會報使用一張Ａ４厚紙（紙板），雙面印刷，然後寄出。因為不是宣傳而是公司會報，對方閱讀的可能性比較高。如果裝在信封裡有可能還沒開封就直接被丟掉了，寫在厚紙上毫無包裝的寄出，能再提高閱讀可能性。

內容全由自己製作，雖然不是什麼很厲害的內容，但因為光是寫完文章就夠嗆了，我到月底總是在慌亂中完成發行。使用家庭式印表機，製作約二百五十份。

最近，開始有客戶理解公司會報的存在。雖然不會馬上有效果，但努力製作的樣子還是得到了客戶說：「你居然一直在做這麼麻煩的事呢！」信用度上升。

製作公司會報的好處是，連不太容易拜訪的遠方客戶也能持續追蹤。只要寄出公司會報，客戶就會有印象。在有需要的時候，也許我就會被列入客戶心中的選項，這點很重要，而且在顧客的維持管理上也是有效的工具。雖然很辛苦，但只要客戶對我說：「我有看到公司會報喔！」我就會十分開心。

和妻子一起確認有七千萬日圓的進帳

「Youtube加部落格」、「感謝明信片」、「公司會報」，展開這三項作戰後，在創業第二年的尾聲，談定了七千萬日圓的工作，營運變成黑字。第一年的營業額是二千四百八十二萬日圓，第二年比前年增加了四點七倍，來到一億一千六百萬日圓。

第二年的後半開始得到菅谷先生的指導，早上四點起床後就實行這三項作戰，營業額也一路成長。來往的朋友變多後，他們之間的口耳相傳讓我的客戶更多了，出現相乘效果，第三年的營業額是一億七千八百萬日圓，是第二年的一點五倍。

第一年是到處拜託人家給我工作，雖然營業額有二千五百萬日圓左右卻是赤字，現在則不需要到處低頭了。勉強沒有結果，只要是對客戶自己沒有好處的，就很難做成生意。如果判斷對雙方都有好處，則商談進行順利，和創業當時相比，營業額和事業內容都更充實。第一年完全沒生意的時候，還想著該不會要在這裡結束了吧！所以第二年出現黑字時真的非常高興。

七千萬日圓的合約談到時，為了確認這筆大金額，還和妻子二個人去了銀行。當存摺確實出現這筆數字，我們二人握著對方的手，跳著說：「太好了！我們辦到了！」雖然周圍的客人盯著我們看，但我們根本不在意。因為在這之前我們的存款只會減少，這真的讓我們非常開心。

經過這一番努力，我們終於脫離了拮据、貧困的生活。第四年，為了再往前一步，我們去租了二手的倉庫。從原先事務所兼住宅的埼玉縣春日部市，搬到離東京外環自動車道較近、機動性也高的埼玉市。

第四年的營業額目標訂在二億三千三百萬日圓，是前一年的一點三倍，第一年約十倍的金額。商品和第一年一樣，換句話說是第一年的販賣方式太糟才會如此悲慘，也就是沒有戰略。

看著栢野先生DVD的同時，最近也感覺到「夢戰感」也就是「夢想、戰略、感謝」的重要，終於在最近開始理解這件事。設定目標，為了實現目標訂立戰略，保持對客戶感謝的心情。一開始我無法理解，最近則是深有體會，了然於心。

終於，可以說我站上經營者的起點了。為了做得更好，我今後也絕不能忘記感恩的心。

鈴木先生的創業故事，你覺得如何？對妻子奉獻自己的努力方式留下印象嗎？現在這間公司的營業額超過三億日圓，光是原有顧客的後續追蹤就足夠公司運轉。即使如此鈴木先生還是持續在早上四點起床，真的很厲害。

即使曾在有名企業工作，離職後也只是個普通人。要從這裡建立起信用是件不簡單的事，另外就是，當上班族時覺得理所當然的事，獨立之後變得浪費或是佔據高額成本的狀況也不少，這是對想離開公司自行創業的人非常有參考價值的事例。

文中出現的菅谷先生和後藤先生也為本書讀者提出建議，請參考。

鈴木先生的成功重點有三個

證言之一

菅谷信一（影片行銷顧問）

我還記得跟鈴木先生第一次見面的樣子，夫婦二人毫無生氣。因為狀況很悲慘吧！「我想製作網頁，我讀過菅谷先生的書了。請你幫幫我！」他開口這樣說，並帶著一百萬日圓的預算。但我越聽他說，越覺得無法收他的錢。本想馬上回去的，但因為光是來就花了二小時，馬上回去好像很浪費時間。於是後藤先生就教了他半年上傳一千支影片的Youtube作戰。

鈴木先生的成功重點有三個。

1. 關鍵字組合

請好好觀察他六百支Youtube影片，除了各種型號，詳細列出同業想不出的語彙（小分類的關鍵字）也是影片製作的祕訣。

2. 變化

雖然也有二人一齊在鏡頭前說話的影片，但仔細一看會發現他們選擇了各種背景，做了不同變化。大家會卡關的地方，大概就是沒哏的時候。為了防止沒哏，他們想了各種變化。

3. 放下羞恥心

因為希望鈴木先生先行動再說，便告訴他「請放下羞恥心」。「不是要你在鏡頭前脫掉內褲，但看了後藤先生或栢野先生的Youtube影片後應該覺得什麼都做得到吧」這樣推動他，這句話也同樣送給本書的讀者。

重點是傳達「真實樣貌」

證言之二

後藤充男（簿記教室，士塾塾長）

像我們這些素人，最重要的就是傳達「真實樣貌」。所以拍攝影片時按下攝影機的開始鍵或停止鍵，這些全部都要拍進影片裡。大企業絕對不會模仿這點，而且大企業都愛表現得很厲害。所以我們這些中小零售企業就算耍帥也沒它們厲害，說到底，我的影片能成功也是因為閱聽者被這些地方吸引。

久慈濱海岸系列影片經常被點閱，那是我出國時，健走三十分鐘後與自己對話的每日記錄影片。喘著氣拍攝的，什麼也沒想，就只是先按下了攝影機的錄影鍵。那時是毫無防備的，影片拍攝時我什麼都還沒想，也因為什麼都沒想，自然也放下了羞恥心。

我經營的補習班位在茨城縣日立市，但學生有一半來自東京。「為什麼會來呢？」我這樣問過他們，大部分的人都是因為看過上面的影片，覺得「這個人不會說謊」所以來我的補習班。

我上傳至Youtube的影片數量，現在大約有三千五百支。累計觀看次數超過三十萬次，但在地方上一次也沒被說過「那是個Youtuber！」和自己工作有關係的人也許看過，但其他人根本不知道。所以根本不需要害羞，它是免費的，而且不爽的話隨時可以刪除或隱藏。請馬上拿起你的智慧型手機拍攝影片上傳吧！

第7章

成功的圈粉法，顧客對策

商品（東西）、地區（哪裡）、客群（對誰）、業務（如何賣出？）的下一步就是，如何將曾經來過的客人變成常客、重度使用者、粉絲甚至信徒？以下列出具體事例。

前味、中味、後味

博多的熱門居酒屋「地球屋」，其社長植松伸吉說：「味道有前味、中味、後味三種。」「前味」指的是客人來店前，例如來電時的聲音與用字遣詞，預約訂位時的應對。我從公司打電話去預約時，有張傳真進來。

「地球屋感謝您的光臨，下面的地圖若有不清楚的地方，還請來電告知。搭公車的客人，可利用○號和△號公車。地下鐵則是比較靠近此站，我是負責人，植松。」

如果是多人聚餐的場合，雖然我知道地點，但其他人可能不清楚，地球屋在預約當日又傳來一張傳真。

「您預約的是今天，請問人數需要調整嗎？如需調整人數請不要客氣與我們連絡。」

如果當天人數減少了，有人就會覺得對店家難以啟齒吧！其中也有店家是依預約人數計算價格的，雖然只是店家的貼心告知，但對我這樣膽小的人來說，看到這樣的告知很感動。

身為地球屋粉絲，也是日本高級餐飲店顧問的大久保一彥也說：「生意很好的餐廳在預約的時候就會感動顧客。」

接著是「中味」，這是指實際的商品品質和店家的待客服務。讓人感動的服務是帶位至各桌或包廂時，不說「一號客人！」而是像「栢野先生」這樣稱呼客人的名字。非預約的來店團體也是稱呼對方幹事的名字，雖然是很簡單的事，意外的是很少店家這樣做。問他們為什麼能這樣做，他告訴我他們會詢問並寫下預約者或幹事的名字在各桌的點菜單上。這樣不論是兼職人員或廚房也會知道對象，雖然只是個小動作，卻能十足傳達「不想以號碼稱呼客人」的心意。

第三個「後味」，指的是用完餐後是否滿足。努力做好料理和服務，展現高CP值的重點就是在結帳時讓客人覺得「這樣才三千五百日圓！太便宜了！」這就是最高境界。

最後要做到寄出明信片給客人，法人客戶則是定期拜訪問候。這是同樣在此地區良性競爭的同業「泉田」和「醉燈屋」也有做的事，泉田的老闆泉田信行說：「餐廳是需要客人特地移動腳步來光臨的，去拜訪能為我們創造營收的法人客戶也很應該。」說的真好。

寄出感謝明信片的日本酒製造商

從瀕臨破產復甦的福岡縣朝倉市日本酒製造商篠崎，現在是年營業額十億日圓且經營順利的狀態。

復甦的其中一個理由是，捨棄大量生產、大量販售的商品。能大量販售的商品雖然能賺到營業額，卻沒有利潤。而且要和大企業競爭，理解赤字商品就算買賣也沒有意義後，他下定決心改變已進貨二、三年的商品，但最過擔心的還是客人的反應。

它的營業方式是「篠崎↓全國盤商↓地方零售店↓客人」這樣的間接販售，無法和客人直接接觸。為了找出接近客戶的方法，做了各種嘗試，最後決定在每箱酒中放入一張問卷回函，回信率大概是一百人會有一人。

只要回寄問卷，社長篠崎博之就會寄出回應明信片。篠崎社長就算一天也回應三十張明信片，也會至少寫上一行親筆文字。據說篠崎社長至今回應過的明信片張數已超過一萬張，如果收到社長親筆寫上「謝謝你」的明信片，肯定會感動得成為粉絲吧！

手寫的個人訊息大成功

和歌山的水電行寄出傳單給原有的三百戶顧客後，在舉辦活動當日有一百五十人來店。回應率高達百分之五十，他的祕訣就在傳單上。傳單本身就是公司促銷活動，沒有什麼特別的地方，那為什麼反應會這麼好？據說店家為每一個客人想了他會喜歡的事或是對他有幫助的事，然後寫上一句話於傳單。就算是大量印刷的傳單，只要寫上一行個人訊息，就是特製的傳單。

士業顧問橫須賀輝尚也會在交換名片後，於感謝明信片寫上個人訊息。與人見面時，好好聆聽，就能得到對方的資訊。明信片的內容可以加上對方的資訊，名字則是提到二次以上。然後像這樣具體的稱讚對方，「栢野先生，感謝您前陣子和我交換名片，你那時提到的○○我覺得很棒」。人只要看到自己的名字就會高興，這是人類的本能，「自己的名字」、「生日」、「被稱讚」這些都讓人非常愉快。

賀年卡也一樣，只有印刷字的賀年卡看一眼就過去了，但就算只有一行，就那一行手寫字即能留下對方目光，這和經營是一模一樣的道理。

弱者的訣竅就是該想辦法加入手工之處，「那種事情很麻煩」是強者的想法。

中小零售企業或是個人店家總是會做出和大企業一樣的事，寄送同樣內容的信件、明信片、傳單，但其實你要傳達給每個人的訊息都不一樣。順帶一提，雅滋養將客戶分為十類，每種類型的傳單內容不一樣。連營收四百億日圓的企業都做到這個地步了，弱者更必須增加手作或費工型的附加價值。

雖然是玩笑話，但如果是有養寵物的家庭，寫一張給寵物的明信片應該也不錯。我也有養貓，牠是我們家的一份子。「小椋，你好嗎？」如果有張寫著這樣文字的明信片寄來，肯定會引起家裡的大騷動，請一定要實踐看看。

房屋仲介舉辦對顧客有用的讀書會

中洲的福一不動產他們的客戶中有小酒館或酒店的媽媽桑。

你認為媽媽桑會煩惱什麼事？

小姐的應徵狀況不順利、營業額沒有成長、沒有常客……換句話說，在經營面上的煩惱和我們一樣。

這樣的話「我們把自己學到的方法交給客人吧！」於是福一不動產聚集了一群媽媽桑，開始舉辦讀書會。

一開始因為無法自己當講師，所以找來教材，舉辦約三、四人的小型讀書會。現在每年會舉辦三次大規模的付費講座，每次約有一百五十人會來，其中有酒店成功的媽媽桑、熱門居酒屋社長、餐飲顧問等。

在讀書會後還有其他延伸活動，像是接受媽媽桑的個人約談，給予經營意見，或是想開業的人，只要準備了四百萬日圓就能在一周後獨立開業的套裝企劃。這是將物件介紹和知識提供包套的商品，所做的事和餐飲顧問一樣。

他們還建立了入口網站「e中洲.com」（www.enakasu.com），介紹一般使用者能安心去玩的店。

而且每個月會約十名左右的普通客人，帶他們去小酒館或酒店聚會。介紹物件的同時，開設有益於經營的講座或讀書會。還能順便介紹自己的店或帶來客人，這種房屋仲介根本找不到。也因此，「來中洲，找福一」的口碑才會持續高漲不退。

脫離常識的顧客後續追蹤

大約二〇〇〇年時，內田信也夫婦開始在網路上販售訂製的平底鍋「味根平底鍋」。鐵製且一萬日圓起跳的手作商品，這是大企業不做的。因為無法期待回頭客出現，而內田先生維持顧客的對策居然是，只要是由自己賣出的平底鍋，就不收費的為顧客打磨，不限次數。這樣客人確實就不會跑掉，但這樣做生意是行得通的嗎?老實說，我原以為他撐不到一年。

但在五年後，月營業額超過了一百萬日圓。這很驚人，不限次數的為顧客磨掉鐵鏽這項售後服務，不只商品好，傳達方式更好。口碑招來口碑，營業額持續成長。超越表面戰略，用心的後續追蹤和決心抓住顧客的心。

創業前的一風堂

現今年營業額超過二百億日圓，世界等級的拉麵一風堂。在上班族時代跌了一大跤的河原社長，被逼到絕境後一個人開了間小酒吧。一年後成為月營業額超過五百萬日圓的熱門店家，他當時放在心上的是下面二件事。

記得客人的長相、名字和生日

這看似理所當然，卻相當難以實行。談論人際關係的世界級暢銷書《卡內基教你跟誰都能做朋友》（How to Win Friends and Influence People）作者戴爾・卡內基說過「人最喜歡聽到的就是自己的名字」。河原社長也會在和客人閒聊後，於名片背面筆記對方的姓名、臉部特徵或興趣，並在打烊後，回家小酌完躺上床還記得四百個客人的長相、名字和生日。

去喝一杯時，如果店員跟你說：「生日快樂！我記得你生日是下禮拜吧！雖然早了點，今天這杯我請客。」肯定很開心吧！

和客人吃飯

和人略為熟識後，就會說出「下次一起吃飯吧！」這種場面話吧！而現實是雖然說過卻不太可能實行。

一旦跨過那條一起吃飯的線，人際關係就會一口氣加深。河原社長說：「我還有一天吃三次中餐的時候呢！」十一點半和山田，十二點半和鈴木，一點半和伊藤。傍晚還約了年輕的幹部「一起去喝茶吧！」甚至在打烊後的深夜，和留到最後的客人一起去吃拉麵。

「一人經營的小店，如果做到這個地步，就沒有不興隆的理由！」河原社長在我主辦的講座這樣疾呼。

讓客人難以忘懷

我有個經營「White Base」的朋友小串廣己，他是明信片專門的顧問。根據小串所言，美容院每年倒閉、歇業的大約百分之五，但只要每年有寄出一次明信片做顧客的後續追蹤，歇業率會減少百分之零點五，也就是減少十分之一，每年寄出四次且持續十年者則沒有歇業可能。

依據餐廳的店內問卷統計「不再前往此店的理由」，不論過去或現在「忘了」都是第一名。不只餐飲業，大半的業界商品都不會有太大差距。正因為如次，有緣成為顧客的人，不管是用明信片或問候或信件，任何形式都好，為了不被對方忘記，後續追蹤是非常重要的。

利用明信片縮小和顧客之間的距離

這是福岡某二手商店的故事，這裡的社長過去靠賣新品就有十億日圓的年收入，但最後失敗了。之後，他重新學習弱者的戰略，不再販賣有很多大型競爭對手的新品，專營中古物或修理。地區鎖定福岡縣全縣，再向外推進半徑一公里，投遞手作傳單至透天厝等，偶爾會親自問候展開面對面的肉搏戰式宣傳。

這名社長的明信片時間是晚上八點至十點，當天來過的客人或曾進來詢問的人，都會為他們寫上「今天謝謝你！」的明信片，寫完後馬上拿到福岡中央郵局。這樣一來，快的話隔天中午前就能收到了。

他持續這麼做十年了，現在的顧客清單也超過一千人。姓名、家庭成員、興趣、個性、買過的商品、喜歡的事、客訴等他全都輸入了Excel，而不是用顧客管理軟體記錄。

平均每年大概寄出了七次明信片給客戶，據說常客每年是十五至二十張，幾乎每周都在寄明信片。當然也有不喜歡這樣的人，所以那樣的人他會少寄幾次。

我去看望這家店的社長時，有個明顯是貴婦的人走進來。「伊勢丹的路易威登新包包，幫我進貨。拜託你囉！掰。」說完就走了。

「反正都要買，就跟你買吧！」眼前上演的就是這令人吃驚的一幕，就像是有錢人的百貨公司，完全抓住了客戶的心。因為知道這個社長的谷底時代，我在心裡喝采「他做到了！」感動到眼淚快流下來。

雖然現在經營得很順利，他的中餐卻是在附近便當店買個菜，再叫二碗飯和太太分著吃。可能是無法忘記過去因為得意揮霍而失敗的經驗吧！我真的覺得他太厲害了。

真正的商品是心

在沖繩縣那霸市，有一家叫沖繩教育出版，年營業額十億日圓的郵購公司。它們的主力商品是薑黃，眾所周知這裡的朝會非常愉快，但我去參觀時，最吸引我的是它們對顧客後續追蹤的優異。

第一，他們會寄出手寫明信片或信件。因為是郵購公司，一般的做法是寄出印刷品傳單，但他們還加上了手寫文書，一個人負責追蹤約五百名顧客。

第二，每隔一至二個月就會打電話聯絡。這通電話不做銷售，而是普通的問候：「山田先生最近好嗎？孫子最近在做什麼？」只要對方想講，就不會掛掉電話。花上三小時也不要緊，這是重視效率的大企業不會想到的做法。他們的顧客主要是六十至八十歲的銀髮族，獨居老人也很多。其中有人並非對商品有興趣，而是期待每個月的對話。

有個電銷人員在晚上七點過後打給了七十幾歲的男性客戶。

你覺得這是為什麼？

那名男性的太太二年前過世後他就獨自一人生活，也還繼續工作。回家後沒有可以說話的對象，那個電銷人員就是算好男性客戶的回家時間，打電話跟他說：「歡迎回家！」

那名男性十分期待女性電銷人員的電話，而該電銷人員也知道此事。因為想要有個能說話的對象，他每個月都會購買五千日圓左右的商品。

主力商品雖是薑黃，但真正的商品是心。雅滋養過去就說通信販售*乃通心販售，果真不假。以健康為賣點的商品，除了安慰劑效果，商品的成分和功效之外，電話中的對話和明信片等，也就是待客服務也是重要的商品。大企業裡有大型客服中心，他們機械式的對應無須學習，這才是中小零售企業個做法。

「顧客的聲音」讓營業額成長

購買商品時，光靠賣家的行銷話術或廣告，是不會得到買家信賴的。在這點上，亞馬遜或tabelog的評論系統就做得非常好。這當然也可以自己去寫，但比起當事人的自吹自擂，實際購買過的人留下的意見更有參考價值。

我每周都會出席「雅滋養」的晨間讀書會，成員也都充滿活力，像是光岡電腦教室、網路假髮販售公司With Alpha、英語會話FCC（福岡語言中心）的經營者，就是傾聽「顧客的聲音」後致力活用於事業。

利用問卷或直接訪問購買公司商品的顧客，了解他們是如何得知商品並決定購買，詢問他們實際體驗後的滿意度，然後刊載在當地的地方雜誌、傳單或網站上，提高廣告效果。

在「雅滋養」那樣的郵購業界，將「顧客意見回函」連同商品一起寄出，從回函中挑選幾則登載上各期會報或手冊是基本常識。但是，郵購以外的實體商店會這麼做的還不到一成。不管是店面、郵購或網路等，一起來實行「傾聽顧客聲音」的問卷調查吧！

賣假髮的With Alpha代表宮崎彌生這樣說。

「一開始覺得問卷裡如果是抱怨很可怕，但真的實行後，收到的都是開心地稱讚，感覺做得辛苦很值得。平常不會聽到顧客聲音的合作工廠或是工作人員，也因為客人的親筆問卷而大感歡喜。其中還有很多商品改良的意見，當然有請我們提供資料的人我們也會在資料包裏加上問卷結果，做了這件事後我們收到訂單的比例明顯增加。」

販賣中古車的auto net world（名古屋市）和auto one（久留米市），二家都是鎖定地區、

＊　譯註：日文郵購之意。

活用網路搜尋廣告來集客的先驅。加上傳統業務模式的感謝明信片，請購買者填寫問卷，取得顧客同意後刊載在店內或網站上。因為意見還附上了照片和名字，對考慮購買的新客戶來說非常有說服力。與其自己狂推自家商品，活用顧客的聲音更能得到壓倒性效果。

某個舉辦會員制講座的顧問，每次都會以智慧型手機或相機錄影採訪聽講者。

「實際聽講後覺得怎麼樣？」

「真的很棒呢！雖然也看過書跟ＤＶＤ了，但現場的感覺還是不一樣。傳達得更生動，能深入細胞了。和參加者建立的人脈更是我的寶物！」

這樣的聲音被上傳到Yotutube和公司網站，參加者的聲音比講師自己更有說服力，而影片也比文章效果更好。

我想讀者中應該也有這麼謙虛的人，「我還不成氣候，只能算三流或四流，還沒有能獲得客戶稱讚的實力」。

不要擔心，一開始就走正統做法也沒關係。一定要試著拜託家人、朋友或熟識的顧客，說幾句話推薦。

我自己著作的亞馬遜書評，一開始也是拜託朋友上去寫的。也請他們在我的部落格或電子報裡寫書評，沒有名氣的或弱小的作者，如果什麼都不做，那就不會得到評價。就算是拜託人家寫的，總之有幾個人寫過後，後來的人也才敢留言。

因為距離近，所以不會做壞事的○○改造

前幾天，我在某講座講師的宣傳網站裡看到朋友於「顧客的聲音」留言，於是直接詢問他感想。

「嗯，其實現在回想起來大概就五十分吧！雖然也有不錯的內容，但我應該不會再參加了。但是，當我在感受講座結束的自由時，對方請我回答參加講座的感想，想到這段感想會被放在網路上，就說不出不好的地方，自然的回答了些還不錯啊之類的場面話。」

這樣說起來我也有被要求寫問卷或說感想的相同經驗，因為是實名制又當面留言，而且還有可能被放上網路，實在說不出該公司或商品的壞話。所以，請安心的做問卷。一定能得到超出預期的歡聲，或是找到能直接當廣告使用的文案。

有個關於廣告文案的有趣故事。

以前，在豐橋的讀書會裡，某房屋改建公司的社長詢問客戶選擇自己公司的理由。他的答案是「因為你們就在同個社區，距離那麼近，應該不會做壞事吧！」

當場社長就決定了廣告的文案。

「因為距離近，所以不會做壞事的〇〇改造。」

這是真實故事。

接下來我們再來個個案研究吧！這個故事的主角是針對公寓、大樓所有人的保險業者，經營風險管理阿爾法的社長小澤亘。

小澤先生因為家庭變故中斷大學學業，接著進入了派遣公司。他在那裏學會了當業務的方法，某天他去NICOS生命拜訪時，得到對方稱讚「真是個有精神的業務員啊！」在對方和他接觸半年後，他決定跳槽。

在NICOS生命磨練後他決定獨立創業，經過一番迂迴曲折，他開設的就是現在這個有點不一樣的保險代理店。傾聽顧客的所有需求，然後為他們找到新的商業活路。

接下來由小澤社長為大家敘述。

個案研究3

一口氣解決建物所有者的「煩惱」靠費工的商品獨佔市場

——小澤亘社長（株式會社風險管理阿爾法）

為了獨立創業貸款二千萬日圓

二十七歲進入保險業後不久，就與地方的免費刊物合作，以已經擁有壽險的人為對象，利用傳真為對方做保險的免費諮詢。「要不要重新檢討一下家庭狀況？也為您檢測保險是否足夠，提供多種選擇。」只是登上這樣的小型廣告，就驚人的收到如雪花飛來的保單。

來參加的都是抱著小孩的主婦，因為是地方的免費刊物，讀者只有主婦。一個月大概有五百件的委託，現在實在難以想像。

當時是以日本生命或住友生命等大型保險公司的女業務員帶著糖果推業務為主，所以只要改變其中一個做法，就有許多開拓市場的機會。

去了那五百人的住家拜訪後得知，大家手上擁有的保險不是十年後保費上漲的，就是滿六十歲即不在保險範圍內的保單。所以要他們重建很容易，外資企業的保險商品，若是同樣的保費，保障內容更加充實。如果是六十歲後持續保障，且保費不變的話，大家都願意更換。

於是我不停賣出保單，雖然當時的NICOS生命還是小公司，但因為某樣商品的販售使我當上了日本第一。當大家都在「低頭拜託」成交時，我有系統的、開拓沒人做的市場，不過多久就有了驚人的營業額。

我從學生時代就決定未來一定要開業當老闆，在工作了四年後，當時還沒有代理店獨立創業的先例，但因為我在公司內寫下了非常好的數字，公司說我要離開創業也好啊！

但是，那時的保險業務員是很被人討厭的。曾經發生這樣的事，有個向我購買癌症險的女性顧客，因為身體不舒服去醫院檢查，接著被告知「妳有胃癌」，那天是她投保後的第八十五天。

癌症險的等待期是投保後九十天，九十天內無法使用該保險。再過五天，晚點去醫院的話就能使用了……我哭著去向客人道歉「這次無法使用」，真的覺得對她抱歉。

雖然責任不在我，但面對自己賣出的商品，在需要的時候卻無法使用這樣的狀況，讓我不禁自問賣這樣的商品真的好嗎？

那名女性半年後死了，才四十六歲。雖然她不是因為無法使用保險才死的，但那麼想獨立創業的我，最後碰上了這種事，讓我心裡糾結著真的要這樣繼續當保險業務員嗎？

別人碗裡的比較好吃

我是在二〇〇二年創業的，從那個瞬間我就想著要做和保險不同的事。栢野先生的書，藍色封面的《小公司☆賺錢的規則》我也讀完了。我記得是第二版，所以我雖自認為了解創業的原則，實際上卻做了相反的事。

我不關心自己所在的保險業，反而覺得別人碗裡的看起來非常好吃，我記得這發生在孩子出生一年之後。

「有沒有幫忙太太的同時也能做的工作啊？」

「有沒有對小孩來說很好的工作啊？」

像這樣，開始尋找新的工作方式。

而這就是失敗的開始。

那年我三十一歲，一邊經營著保險代理店，同時決定開設針對太太和小孩那樣的英語會話學校。現在回頭看，還真白癡。不過，關於錢的借貸方式倒是那時學會的。看懂了財務報表，也知道怎麼做能借到錢。天真的想，做了三樣左右的事業後總會有一個是能成功的。

兒童英語會話學校，因為對整體門面很在意，花了一千五百萬日圓。接著是樂天的覺得只要花錢宣傳就能招生，完全就是「外行人做生意，賠光光」。

另一個事業是，經營租賃辦公室。在名古屋市經營辦公室租賃的朋友問我要不要一起經營，我豪氣地說：「好啊！我出錢。」以為自己是個資本家。

同時經營三種事業的我和妻子，拚命努力的工作。妻子原先是健身中心的教練，擅長教學，所以兒童英語會話學校就交給她了。

超過二千萬日圓的貸款

雖然學校有三百名學生，但每月的店租四十萬日圓，加上員工四至五人的人事費用與社會保險，每月一萬日圓的學費加起來月收入是三百萬日圓，但還是沒賺錢。

向銀行提出完整的事業計劃書，加上我知道發新聞稿的方式，有很多報紙和雜誌都有露出。電視媒體也有來採訪，所以能對銀行發表「我也因為這事業上了電視，未來會有更多的女性進入職場，這樣的事業絕對有必要！」

我原本就是業務員，自然有相當的銷售手腕。雖然銀行那邊並不覺得會賺錢，但也認為長期融資應該行得通，便把錢借給我了，所以我的貸款也一路增加。

接下來，一起經營辦公室租賃的合夥人覺得，「你都不來看看這邊，想必是把錢都放到別的地方了吧！」於是對我說：「我把股份全買回來，你就集中做那邊吧！」

我因為眼前的資金周轉腦袋就快爆炸了，也就乾脆放手租賃辦公室事業，把之前投資的設備幾乎都免費轉手給合夥人就退出了。現在想想真是筆大損失，前合夥人現在也還在名古屋經營租賃辦公室或會議室。說不定當時我把雞蛋壓在那裏就好了，但我卻做不到。

在貸款超過二千萬日圓的階段，我決定「這樣下去不行，先暫停英語會話學校吧！」在這個階段，也還不會給客戶帶來困擾，能夠說出「從這天開始歇業」。也能確實的付出薪水給員工，想停止的話就趁現在，於是對員工和學生家長低頭「很抱歉，今天開始的三個月後，也就是十二月，學校將停止營運」。

「咦！」大家都好驚訝，因為看起來運作得還不錯，客人也告訴我「希望能繼續」，但最後我還是關上了學校大門。退費給顧客，能在不會對顧客造成困擾時就結束真的太好了，雖然我還是拿不出員工的離職金。

那時我手邊也放著栢野先生的藍皮書，翻了幾頁後，嘆了一口氣。

「我好像完全做錯了。」

中小企業和屏風一樣，拓展太大的範圍就會倒下，明明知道這個道理，卻還是如這句話所說的一樣失敗撤退了。

剩下的只有貸款，「接下來該怎麼辦？」滿懷困惑。

但是，保險代理店那邊，和客戶還有些契約，還必須繼續服務這些客戶，於是在這條路上繼續前進。

再次成為上班族

在三十六、七歲時，我有貸款二千萬日圓。生活是褲帶勒緊的狀態，雖請太太和小孩先回岳父家住了，但岳父對我非常憤怒。

我和銀行進行了延遲還款的交涉後，銀行同意我每個月的還款金額減少五萬至十萬日圓。

那時，Alico Japan向我招手。以創立新版圖為工作內容，要我活用過去經驗，以主管身分繼續挖掘新客戶，並創造數字。因為身負貸款，我什麼都願意去做。「好，那我就再跳下去做吧！」前往應徵，並順利被錄取。

薪水條件極好，每月固定薪資是七十萬日圓。既能順利還款，也能送錢回家。不過，工作環境很嚴苛，三個月後若是無法找到人並提出組織績效就會被開除。

我真的是拚死工作啊！雖然有二年的空白，但總之三十六、七歲時就好好做這個吧！花二年挖掘新客戶，確實回應公司對我的期待，至於組織績效則還沒有特別的想法。

我已經有了自己的公司，雖然很丟臉的又回到上班族的身分，但我可沒有要一直當個上班族。所以，我一定要再次抓住出線的機會。

雖然回到了外商保險公司，但過去一直都是像在推銷自己一樣的推銷保險，這樣的做法，好像行不太通。我想，不做些更特別的是不行了。

人生計劃講座再出發

然後再次複習藍皮書，思考商品、地區、客群，並去找蘭徹斯特經營豐橋分部的山口先生重新學習。

我想那時應該就是二天一夜的人生計劃講座，在那裏我又重新思考了事業經營該做什麼。

我碰巧有不動產知識，也對該領域有興趣。我的周圍有些擁有不動產的人，是否幫忙公寓或大樓所有者解決煩惱也能當成事業經營呢？我開始這樣想。我有個朋友是不動產鑑定士，我也參加了他建立的不動產相關、各種業界的團體。

首先，鎖定公寓或大樓的所有者為顧客，並假定「他為了繼承權而煩惱」。壽險與繼承息息相關，所以我想著是否能做什麼提案。然而，這條路完全走不通。

從顧客的話裡找出活路

那時，有個大樓所有人對我這樣說。

「你說的繼承對策我當然也知道很必要，但我們現在更為眼前的事煩惱。要怎麼說呢，像是房客破壞的房子，或是突然搬走、建築老舊漏水之類的，這些都很花錢啊！為了未來的繼承權，我當然知道要存錢，但眼前的事就花掉我大半的錢了，怎麼可能存得了。」

聽了他的話我突然有靈感。

「您應該有為建物投保火災險吧？火災保險能為您剛剛說的問題提供相當的協助。」我這樣提案，當時因為我接觸過Alico母公司AIU這家損害保險公司的商品，也讀完了所有的保險條款，所以想到能有相當協助一事。

接著，我對大樓所有人這樣說。

「請讓我看一下那份保單，說不定保險能幫您負擔所有費用。」

看了保單和修繕估價表和現況照片，我相信一定能請下理賠金。不過，填寫理賠申請表這回事對大樓所有人來說太麻煩了，他不會做。所以我就提出「由我來為您申請吧！是免費的」。

提出理賠申請後，馬上就獲得了五十至六十萬日圓的保險金。大樓所有人十分歡喜，對我說「你好值得信賴」後就跟我買了壽險。

其實之前，不管我跟他提多少次壽險業務，他都沒有興趣。

「您手上的損害保險，說不定連過去三年的修繕費用都能全數負擔呢！相關評估和麻煩的申請事宜就由我免費幫您做吧！」在我這樣說完後，原先看也不看我一眼的人馬上對我有了興趣，也願意聽我說話了。

這項生意絕對能做

仔細思考後就會覺得這是當然的，「請和我買保險」聽起來就是「請給我錢」的意思，但是新提案是在談論「給你錢」（實際支付大樓所有人金錢的當然是保險公司），他當然會很高興啊！

公寓或大樓所有人每天煩惱的就是房子的修理和維護費用，而其實這些費用在他平常就有備好的損害保險或火災保險就能幫忙支付了。其中最麻煩的理賠申請則由我免費幫忙……。

我覺得這項生意絕對能做，顧客就鎖定公寓、大樓的所有人。商品也固定了，地區當然就是名古屋市內。只要在對銷售方法下點工夫，絕對能讓這些人開心的跟我購買。

剛好，和Alico的二年契約也要走完了。當然固定薪水也沒了，我知道又要為了還貸款的事煩惱了。

驗證假設

既然感覺到新事業的可能性，就要試一次看看，為了做功課，我去了東京一趟。東京的哪裡會有不動產所有者的資料呢？想著這個，我決定去一趟他們經常使用的房租滯納保證公司。那間公司因為需要壽險相關顧問，所以我就和他們簽訂了外部合作契約，那間公司的不動產所有者資料非常詳細。

房租滯納保證公司的員工原本的工作內容是拜會不動產公司，但我希望能直接去找所有人。見過二百名所有人後，我得到了很棒的回應，原先的假設也被確認了。

馬上就有第一件委託

我再度回到名古屋，開始準備。這次可不能再被打敗了，我下了這樣的決心，必須確實鎖定商品、地區和客群。

我第一個工作是製作Ａ４傳單，前面提到我加入了不動產相關、含各種業界的團體，那個團體的成員除了不動產公司，還有不動產鑑定士、不動產管理公司、對不動產非常了解的稅務士，而我則是以火災保險和壽險專家的身分加入。

在那個團體的尾牙時，我將我開始做房屋修繕費用的理賠申請事業一事的傳單發給大家，那時不動產公司的社長反應冷淡，說了句「火災保險能幫你出這筆錢？嗯，是喔！那你加油囉！」

然而，那位社長回到公司就把傳單遞給負責管理不動產的人「欸有這個耶！這是對所有人很有幫助的事呢！」反應大變，於是那個負責人就跑來找我。

我跟他說：「其實我在Alico和東京的時候，都曾經這樣幫助過所有人，他們也覺得很開心。對至今所有人曾負擔的修繕費用，火災保險都能幫忙負擔三年內的支出。」於是那個負責人馬上委託我「我手上負責的物件有這些，你能幫我看看嗎？」

這是二〇一〇年底的事。

一次就有一年份的訂單

從此之後，就有好幾個人成為我的客戶。接著在三月十一日，發生了東日本大地震（三一一大地震）。名古屋的物件所有者中，有人因為餘震而發生房屋漏水情形，不動產公司的管理負責人也向我詢問「是否能來看看」，於是我出門繞了繞這些地方。

原來漏水的原因和地震無關，只是排水管漏水，導致八層樓的建物從七樓到二樓都漏水。所有者本人以為是因為地震造成的，但其實不是。如果要使用火災保險，就必須以非地震的理由申請。

不動產公司因為不了解實際狀況，考慮之後就以「能麻煩你嗎？」的態度詢問，請我幫忙。首先，撤下因地震造成損害的申請，附上排水管漏水的照片後重新呈報，然後獲賠一百五十萬日圓左右的保險金。

那名所有人非常高興，其實那名所有者在中京圈*開設了多家兒童服裝連鎖店，也對我產生興趣。

「我過去從沒聽過這回事，你是做什麼的啊？」

於是，我拿出Ａ４傳單給他，說明工作內容「針對公寓或大樓的修繕，能由火災保險為您負擔」，接著他對我說：「這次謝謝你幫我請下一百五十萬日圓，我想把我的保險全都換到你公司。」

他的保單數量真不是蓋的，公寓、大樓四十棟，店面也有六十個左右。保費總額直逼一年五千萬日圓，而居然一次就全部轉到我的公司。這金額相當於損害保險代理店的年平均營業額。

第二創業期

那名社長的公司，本業做得嚇嚇叫。本業黑字頻頻，卻非常想要折舊資產，所以才會一直買入公寓或大樓。

他也為我介紹了他的同學，同學手上也有許多不動產物件，和我簽訂了保費總額一年二千萬日圓左右的契約。之後還介紹許多朋友，使我的事業步上軌道。

雇用員工和工讀生後，終於有了公司的樣子，這是我的第二次出發。

不久後，在東北地方擁有幾個物件的所有人來找我見面。他有投保地震險，但保險公司卻告訴他，鋼筋水泥建物耐震，少有毀壞情況，所以不理賠。對該所有人來說，這麼大的地震造成建物損傷後，保險公司不願理賠是不能接受的。

透過介紹，我去了當地一趟。仔細看，建物確實有裂痕（龜裂）。查看該所有人投保的保險內容後，確認龜裂是可以理賠的。所以我又幫他提出申請，如我預期的理賠成功，其中還有案件請下九百五十萬日圓呢！至今被告知無法理賠的物件，我都一個一個為它們請下了保險金。

商品是手作、費工的

要申請理賠，必須要有大樓所有人指定的修繕業者的開出估價單。所有人希望能便宜修理，又希望從保險公司得到大筆理賠金。但是，保險公司也訂好了可理賠和不

＊譯註：中京圈指的是以名古屋為中心發展的一個日本都市圈，又稱名古屋圈或名古屋大都市圈。由於名古屋位於過去日本的兩大都市東京和京都之間，而有「中京」之稱。

可理賠的項目。我告訴修繕業者能讓所有人高興、並讓保險公司出錢的估價單寫法，這項交涉非常困難。

例如，寫上「漏水工程」是無法理賠的。但對修繕業者來說，寫「〇〇工程」很正常啊！所以我指導他們將估價額分成幾項細目。排水管的修理費、天花板修復費用、牆面粉刷費用、地板修補費用、大樓外牆修補費用等，依照不同情況，分項寫下修繕內容與金額。此項可申請、此項不理賠，保險理賠就是這麼麻煩。

所以這項工作的手續多，時間花費也多，非常費工。保險公司也不喜歡，更不用說所有人和修繕業者，連負責的保險代理店都不想做。完全符合弱者的商品戰略，競爭對手少。

客群鎖定公寓或大樓所有者

雖然東北或東京、大阪也有客戶，但原則上我把地區鎖定以名古屋為核心的中京圈，客群只有公寓或大樓的所有者。能幫忙跑業務的車子我則沒為它保險，推展業務的方法一開始是用Ａ４大小的傳單一張，但最近因為常受邀做公寓所有者聚會或公寓大樓展等活動的講師，在那裏演講反而是我集客的最大助力。

我很愛說話，但這和推銷業務不同，因為講師的身分，聽講者會更想聽我講話。然後我只要在講座說到「物件修繕費能由火災保險幫忙負擔」，他們都會一臉驚訝，表現出從沒聽過這件事的樣子。講座結束後，他們就會來找我討論，我會先請他們提出過去三年內自費修繕的物件費用，檢查後向現在投保的損害保險公司申請理賠。

這完全就是成功報酬制，理賠成功後，能收到一定比例的手續費（成功請款金額的百分之十至三十）。和金融信用要求貸款者還款金額一樣，超出額度就要辦理歸還手續，這對客戶來說沒有風險。只是這樣的申請手續不能由保險代理店執行，要交由子公司的不動產管理公司進行。

這樣一來，過去三年內的修繕費用就能全數請款。當然，這並非非法申請。因為不須從一開始就賣保險給客戶，雙方都沒有負擔。

幾乎所有大樓所有者都沒使用過火災保險，使用後才第一次知道火災保險能為他們出錢，所以很感謝我。接著，幾乎百分之百都會發生下面的狀況，他們要加入我賣的保險。

「過去購買的火災保險，它的補償範圍只有這樣，但您現在持有的資產額已比投保當時更多，建築物也隨時間出現了問題，是否要重新評估能應付這種狀況的保險呢？」經我這樣提案，每個所有人都變更了他們的保單。

「空蕩蕩」的藍海市場

社會對火災保險的看法，認為那是不動產公司或損害保險代理店才會接觸的，是大家忽略的商品，「火災保險的保費，一年只有二萬至三萬日圓，賣那個也太辛苦了吧！」某不動產公司這樣說。損害保險代理店的看法也與此一致，「和保險相關的業務，我們做的幾乎都是汽車保險，車險除了每年收費還能更新調漲。火災保險相較之下麻煩多了」。

因為是被大家輕忽的商品，我才會說他正是我的灰姑娘商品。

保險業已有許多強者，競爭也很激烈。與此相比，損害保險代理店還只是像鄉下的保險公司，大部分的人都沒有競爭意識。所以我認為，這就是我能決勝負的業界和商品了。

再讓我重新整理一次我的事業內容。

- 商品專營火災保險

- 地區以名古屋市內為優先
- 客群是公寓或大樓所有者
- 業務方法主要以講座集客，使參加者重新檢視過去不以為意的火災保險

其實，和出借房子的房東不同，建物本身的火災保險不是二萬至三萬日圓。建物在建築時就已投保了火災保險，房屋新建時的建商並未對建物有特別計畫，只準備了最便宜的保險，所以大樓所有者是為每棟房屋付出一百萬至一百五十萬日圓的保險費，多數人會以五年為期更新。

一開始為建物投保火災保險的，不是建商就是融資銀行其中一方，但銀行方面的負責窗口經常變換，建商也在房子蓋完後就不關他的事了，所以沒有人會為建物的火災保險繼續投保更新，這是個空蕩蕩的市場。

物件蓋好、買下它後，有許多擁有者並未查看是否有火災保險。更何況，一棟建築物一年的總保費就要一百萬至一百五十萬日圓。公寓或大樓所有者又是資產家，他們一個人手上大概有三至五棟房子，所以一個人就要花三百至五百萬日圓的錢在這些資產的保費上。

你注意到了嗎？你舉目所見的高樓大廈、公寓和大樓都各有所有者，所以社會上有相當人數的所有者。但一般來說，我們完全不知道他們在哪裡。

所以，只要知道了這些所有者的下落，單一商品又沒有強勁對手的利基市場將有可能為我帶來高市佔率。

實際開始經營後我的客戶持續增加，除了收到代為申請的手續費，也有很多人請我重新評估他們擁有的保險。這是門好生意，我決定要以這門生意維生了。

從個人經營到組織化

參加蘭徹斯特經營豐橋的人生計劃講座時，代表山口高宏也對我說：「商品就是明星，這項生意絕對沒問題的。」雖然覺得感謝，但因為當時案件還很少，我還沒有想過要把公司變成組織並擴大事業。

不過，看到客戶如此開心，又想到市場還空蕩蕩的，就決定試著組織化我的公司。

開始時是找來三名兼職員工，但中途覺得是該加速的時候了，就拜託他們成為正式員工。本公司的招牌員工高山，原先是作為電話預約的兼職人員進入公司的，他真的非常努力。

但是，兼職人員還有扶養扣除額的問題，最後全部人都辭職了。雖然還有外部合作的業務員，但是損害保險業界的業務員多為想悠哉工作的半調子，所以也中止合作了。結果，只剩下我和高山二個人。

在那時候，我剛好遇見了有名的日報顧問，Yell Consulting的麻井克幸。看到栢野先生在臉書介紹他的經歷，才知道名古屋有個這麼厲害的三十歲人士。在ＩＴ企業中以實力掛帥的業務公司，身為專務帶領員工從數名擴展到二百五十名，看到他這樣的經驗，我了解了。我的經驗只到十幾人的規模，於是我對麻井先生提出希望他能協助的請託，他也暢快的允諾「那我們就好好進行吧！」

流淚的員工

於是，我們開始了將公司從個人經營組織化的訓練。

我們現在錄用了許多年輕人，他們多是認真覺得「想做對人有益的事」的孩子。我們採取業績制，薪水也相當不錯，但對他們來說重要的是「誰能讓自己成長」。他們有時會流著淚，認真地對我說：「希望社長你能好好看著我成長。」看到這個景況，我就會覺得必須好好做，確實樹立「透過火災保險，協助公寓或大樓所有者的豐裕生活！」的經營理念，並製作實現此經營理念的行動方針。過去雖也一直都有召開朝會，但感覺輕鬆和緩。於是我改讓大家朗讀經營理念和行動方針，結果氣氛有了驚人的改變。

經營主軸是以竹田式蘭徹斯特的「弱者戰略」為基礎，也詳細告訴員工，我以前經營的明明是間小公司，卻做著與弱者戰略相反的事情而導致失敗。

我到現在也還沒覺得自己成功了，我想為自己的失敗平反，也想平反爸爸的失敗，因為爺爺成功了，但傳給爸爸的時候失敗了。給過我幫助的每個人，我真心感謝，打從心裡希望各位都能幸福度日。

三年就讓營業額超過十倍，來到五億日圓

因在蘭徹斯特經營豐橋分部學習，所以十分了解階段理論是很重要的。

首先是入口，診斷過去三年間的建物修繕費用，幫忙申請保險金。下個階段是重新評估火災保險，之後是，因為所有者也是資產家，對它們來說繼承對策也很重要，所以要勸說他們購買壽險做之後人生的計畫。一旦所有者死亡，就會發生繼承事實，

建物或不動產的買賣也會發生。

換句話說，從幫忙申請公寓修繕的保險金開始，後面還會有火災保險、壽險、繼承、不動產買賣各個階段。

公司第一年的營業額是四千萬日圓，第二年是將近八千萬日圓。而第三年是五億日圓，從我決定只以公寓或大樓所有人為顧客的瞬間開始，我就看到了這個階段。我要在這個市場，拿下市占率第一名。

現在，東京海上日動火災保險的代理店中，位於日本第一這個位置的公司年整年營業額是二十五億日圓左右。我要取得日本第一的位置，年營業額三十億日圓，我高舉著一定要成功的旗幟。我們經營的，毫無疑問是必要商品，而且因為建物所有人都很困擾，如果能做到年營業額三十億日圓，那麼其他商品也會跟著賣出去吧！

我現在的工作，當然是販賣商品，但也對員工養成花費心力。

「社長！你將來要做什麼？告訴我嘛！」因為員工這樣提問，我回答：「那麼，早上來開讀書會吧！我希望你們將來都能成為社長，協助你們成長就是我的工作！」

覺得小澤社長的故事如何？

所謂優秀的業務，好像就是完全沒在推銷本業的商品。雖然可以說是基本，但是我們也充分了解，幫忙解決顧客煩惱的事情，這個看似繞遠路的行為才是最快成功的捷徑。

然後就是，每樣工作都是麻煩的。現場確認、填寫申請表格、和修繕公司進行估價相關的交涉、收集照片等，看起來好像沒什麼用處。所以，沒有人注意到這塊。而這樣的提示，就在客戶的聲音中。

第 8 章

實現夢想

我每周都是早上六點半就開始參加早晨讀書會，會場在「雅滋養」。那是販賣醋或青汁、雜穀米等食品的郵購公司，在健康食品業界是龍頭等級。但是，它的創始人矢頭宣男不停的轉職，三十歲獨立後也經過贈品、健康食品、婚禮司儀業等，不停的失敗與再創業。而他在四十四歲參加的「經營計畫講座」成為他人生的大轉機。

那時，矢頭先生各製作了一張個人的「人生計劃書」和公司的「經營計劃書」，對公司內外明言自己的夢想和目標。當時年營業額是六千萬日圓（貸款二千萬日圓，員工二名），他卻設定了一年後的目標是二億日圓。一口氣增加為三倍一般來說是不可能的事，但他做出了一億八千萬日圓的結果。接下來，就像玩翻倍遊戲一樣，不過多久就超過了三百億日圓。我是在雅滋養年營業額十億日圓左右時開始接觸的，所以近距離的目睹這場奇蹟。

3/18 6/7 7/27 7/9

平成	西暦	父	母	由美子（5/4）		徹（6/0）		真利子（8/22）		宣男	美世子		私たち夫婦の夢	内	外
7	1995	89	84	23	退職（7月）	21	大学2年	14		51	47	20周年	ビル用地（120坪）買う。幹部養成	6	1
8	1996	90	85	24	他社で勤務 見識を広げる	22	留学	15		52	48	父 卒寿 銀婚式	事業確立 ビル完成（400坪） 新商品ヒット 幹部養成	6	1
9	1997	91	86	25	帰る（結婚） 家事手伝い	23	大学3年	16	高校入学	53	49		（自分の力） やずや売上ピーク（100億）	6	1
10	1998	92	87	26	結婚（夫30才） 夫 やずや入社	24	大学4年	17		54	50	由美子（夫）入社	・売上安定	5	3
11	1999	93	88	27	孫1子（夫31才）	25	卒業・就職	18		55	51			5	4
12	2000	94	89	28		26	他社で勤務	19	専門学校入学	56	52	25周年	由美子（夫）育てる 売上自然増!!	4	5
13	2001	95	90	29	孫2子（夫33才）	27		20		57	53		①無理をしない。	4	6
14	2002	96	91	30		28	結婚（妻29才）	21	卒業・就職	58	54		②人に任せる経営	4	7
15	2003	97	92	31	孫3子（夫35才） 夫 独立（会社長）	29	孫1子（妻25才）	22		59	55	由美子（夫）独立	③幹部を育てる。	4	9
16	2004	98	93	32		30	やずや入社	23	結婚（夫27才）	60	56	宣男 還暦 徹 入社	④会社化をすすめる。	4	10
17	2005	99	94	33	①小入学	31	孫2子（妻27才）	24	孫1子（夫28才）	61	57	30周年	⑤有難く御輿に	4	12
18	2006	100	95	34		32		25		62	58		徹育てる 乗せていただく。	4	12
19	2007	101	96	35	②小入学	33	孫3子（妻29才）	26	孫2子（夫30才） 夫 やずや入社	63	59	真利子（夫）入社	⑥尊敬される人に	4	14
20	2008	102	97	36		34		27		64	60	美世子 還暦	なる。	4	14
21	2009	103	98	37	③小入学	35	独立（会社長） ①小入学	28	孫3子（夫32才）	65	61	徹 独立	真利子（夫）育てる。会長 副会長に。	4	15
22	2010	104	99	38		36		29		66	62	35周年		4	15
23	2011	105	100	39	①中入学	37	②小入学	30	①小入学	67	63			4	15
24	2012	106	101	40		38		31	夫35才 独立（会社長）	68	64	真利子（夫）独立		4	15
25	2013	107	102	41	②中入学	39	③小入学	32	②小入学	69	65			4	15
26	2014	108	103	42	①高入学	40		33		70	66		次の人生（65才.61才）スタート!!	4	15
27	2015	109	104	43	③中入学	41	①中入学	34	③小入学	71	67	40周年	①まだ17年もある。	4	15
28	2016	110	105	44	②高入学	42		35		72	68		②講演活動で全国をまわる。	4	15
29	2017	111	106	45	①大学入学	43	②中入学	36	①中入学	73	69		③本を書く（体験談）。	4	15
30	2018	112	107	46	③高入学	44	①高入学	37		74	70		④人にチャンスを与える	4	15
31	2019	113	108	47	②大学入学	45	③中入学	38	②中入学	75	71		（社員や孫たちに…）	4	15
32	2020	114	109	48		46	②高入学	39	①高入学	76	72	45周年	⑤夫婦で日本全国、世界を旅行	4	15
33	2021	115	110	49	①就職 ③大学入学	47	①大学入学	40	③中入学	77	73	宣男 喜寿 金婚式	し、ビジネスチャンスを探す。	4	15
34	2022	116	111	50		48	③高入学	41	②高入学	78	74		そして人に教えてあげる。	4	15
35	2023	117	112	51	②就職	49	②大学入学	42	①大学入学	79	75		⑥健康に注意し、元気で長生き	4	15
36	2024	118	113	52		50		43	③高入学	80	76		をする。	4	15
37	2025	119	114	53	③就職（夫67才）	51	①就職 ③大学入学	44	②大学入学	81	77	美世子 喜寿 50周年	⑦いつまでも夫婦仲良く…。	4	15
38	2026	120	115	54		52		45		82	78	82才と8ヶ月（宣男）		4	15
39	2027	121	116	55		53	②就職	46	①就職 ③大学入学	83	79				
40	2028	122	117	56		54		47		84	80				
41	2029	123	118	57		55	③就職	48	②就職	85	81				
42	2030	124	119	58		56		49		86	82	82才と8ヶ月（美世子） 55周年			
43	2031	125	120	59		57		50	③就職	87	83		おまけの人生!!		
44	2032	126	121	60		58		51		88	84	宣男 米寿			
45	2033	127	122	61		59		52		89	85				
46	2034	128	123	62		60		53		90	86	宣男 卒寿			
47	2035	129	124	63		61		54		91	87	60周年			
48	2036	130	125	64		62		55		92	88	美世子 米寿			

平成7年（1995）作成
宣男

雅滋養創辦人手寫的，自己和家庭的「人生計劃書」

①成功の「心構え」の結果
②明確に設定された目標
③習慣。やり続ける。

夢は実現した！ 今後も～ ○

あなたの人生設計

2000 年 8 月 30 日

氏名 栢野克己

年齢／西暦	私	妻	黎	光			予想される出来事と私の夢
2000	41	36	5	2			・9月～SOHO起業塾で50回講演・9/22 経営交流会で講演 ・10/14 診断士協会で講演・広告コンサル20件、…これが全て成功する
2001	42	37	6	3			・3月末 本の出版「私の就職・転職・天職物語／中小・バカ100人」→ 2004年1月「バカ社長」 ・講演年間25回（起業天職／広告戦略／弱者必勝）
2002	43	38	7	4			・11/12に、アクロスで約500人を前に基調講演（市．他の主催） ・9月10日に本の出版「弱者必勝の広告戦略」→ 2002年11月「小さな会社」出版
2003	44	39	8	5			・零細企業向けの即時業績アップコンサルタントとして西日本新聞に記事が ・9月10日に本の出版「弱者必勝の人生戦略」
2004	45	40	9	6			・福岡大学大学院で非常勤講師「中小・ベンチャー論」 ・インターネットのHPが大人気「栢野克己の人生経営相談室」→ 100万アクセス
2005	46	41	10	7			・西日本新聞に連載コラム「弱者必勝の人生戦略」→ 同名の本 ・アミカス・ISTの「起業・ベンチャー講座」メイン講師に
2006	47	42	11	8			・栢野克己の「話し方講座」（人生と経営）を月1開催 ・9/10 本の出版「人生の旅／私を変えたあの人との出逢い」
2007	48	43	12	9			・福岡版「愛の貧乏脱出大作戦」コンサルを月1回 イベント ・年間講演が50回を越える。→ 100回（2003年～2004年～）
2008	49	44	13	10			・9/10 本の出版「私はこうして苦境を脱出した／実例100人」 ・ボランティア経営コンサル集団結成「3時間生板治療法」
2009	50	45	14	11			・弱小経営成功テープ10巻の完成（1巻5000円） ・弱小人生成功テープ10巻の完成（　〃　）
2010	51	46	15	12			・借金ゼロ。預金2500万円。経済的な不安はなし。→ 借金ゼロ。 ・世界一周旅行へ1ヶ月。→「ちっき」へエッセイを連載
2011	52	47	16	13			・「九州の小企業向け経営コンサルタントでは栢野克己」と ・ワンポイントコンサル・アドバイス・講演は年100回に。
2012	53	48	17	14			・9/10 本の出版「失敗しない小企業経営」 ・家族で海外人生旅行に出る。
2013	54	49	18	15			・相田みつを＋竹田陽一＋矢頭的な人生カウンセラーになる ・

明日は明るい日　　*未来は無限*

サクセスパワー福岡

我在二〇〇〇年製作的人生設計表　（出處）SUCCESS POWER FUKUOKA

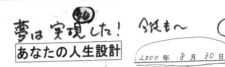

雅滋養的會長矢頭美世子說：「經營計劃書就是魔法書，但是幾乎所有人都不寫，明明只要寫一張就可以了。」

我，栢野克己也在二〇〇〇年，決定今後十年持續寫下一張紙的人生設計表。我當時瀕臨憂鬱症，營業額也前所未有的低。一百日圓的麵包分成三份後放入冰箱，一天吃三分之一個麵包度日。那時我硬寫下了一張夢想，那對我來說，成為了引發小小奇蹟的契機。

其中特別有印象的是以下五點。

①二〇〇〇年時寫下了「在SOHO創業塾演講五十次」，這是早就訂好的工作，發包者是就業服務處。我當時只要手邊沒有稿子就不會說話，所以在事務所裡拚命練習。每次都非常緊張，緊張到流冷汗。不會脫稿演出，所以課程非常的無聊。證據就是參加人數隨次處爆減，這讓我變得神經質，在第七次講座時決定辭去工作。

②二〇〇一年我出版了《我的就職、轉職、天職物語》，其實沒談到出版的事情，只是非常痛苦地寫出這本書，但二〇〇四年我又出版了《逆轉！笨蛋社長》。這是我主辦的讀書

會「九州創投大學」招聘的嘉賓，二十四位社長的人生故事。原本只在福岡出版販售，後來以新書版發售到全國。我當時還在廣告代理業，所以是在業餘時間寫作，完成一本書花了我四年，投稿大概四十間出版社才終於出版。

③二〇〇一年「每年演講二十五次」，當時大約每月會有一次只讀稿子的演講。每次活動前的一週開始，我就會緊張到坐立難安。但演講到大約第五十次時，剛好演講費用也低，就決定要隨自己高興說話了，挑戰脫稿演出。結果非常意外，我腦子裡充滿了東西可以講。中途因為想自己的故事講得太開心，還嗨到無我境界呢！從這次演講的二年後開始，我每年都有一百次左右的演講。

④二〇〇二年我寫下的夢想是出版《弱者必勝的廣告策略》，這在二〇〇二年以我和老師竹田陽一共著的《小公司☆賺錢的規則》方式實現。當時是由出版社向竹田陽一邀稿，但他不想寫給入門者看的經營書。所以一年半後，由我當他的寫手，共同著作的這本書。我和周圍的朋友都不認為會賣，沒想到它賣出了超過十萬冊，成為暢銷書，嚇了我一跳。

⑤二〇一二年「全家人到海外人生旅遊」，這也很厲害。因為已經寫過了很多東西，覺得沒東西好寫，就隨便寫下這個。沒想到二〇〇六年到二〇〇七年的一年間，我們全家環遊了世界一周。雖是因為福岡縣西方海峽地震和友人過世而自問自答「人生只有一次，死前你想做什麼？」而決定的，但沒想到六年之前我就已經寫在夢想清單上了。

和雅滋養年營業額三百億日圓相比我不過就是幼稚園程度而已，但我從沒想過寫書和演講會成為天職。雖然當成夢想寫下來了，但老實說我以為這是和我絕緣的事。更不用說環遊世界了，連曾經寫下都忘記了，這讓我和周圍朋友都嚇了一跳。

當然，只是寫下來怎麼可能實現夢想。必須反覆PDCA（計畫、實行、驗證、改善）後努力，但第一步試著寫下夢想，就更容易往前邁進。工作、興趣、家庭之類，什麼都好，總之把想到的寫下來。

也當然，寫下的事不是全部都會實現。

雅滋養現任會長也最喜歡寫夢想清單了，其中的「減重十公斤」減了十年以上也沒成功（笑）。公司的新事業或新商品，也有大概九成是失敗的。但夢想、冒險、挑戰就是這樣，而且人生只有一次。在自己或公司允許的範圍內，嘗試看看夢想能如何實現吧！

下一頁開始，將列出雅滋養設計的夢想問題表。照著順序回答，最後就能找到你的夢想。請像小朋友一樣，率直的作答。

一張經營計劃書

個人使用的叫做人生計劃書，如果是公司，就叫做經營計劃書。中型以上的大公司百分之百會製作經營計劃書，然而中小零售企業則連一成的製作機率沒有，只寫在中小企業白書裡。根據問卷統計，只有不到一成的人會為將來的夢想製作計畫，其他九成就是隨機過日子。

我也是這樣，我開始將夢想、目標、經營計劃書寫下來是二〇〇〇年開始的。當業務員時會寫下目標數字或行程預定，但從沒想過人生或公司的經營計畫。創業後，雖在經營或激勵讀書會裡聽過好幾次經營計劃書很重要，但每天都忙於眼前的工作和雜事，不只無法計畫將來，連一年後的計劃我也提不出來。結果，遇到事情就會將原因往外推，「景氣不好」、「政策不佳」、「地點不優」、「最近的客人很糟糕」之類，把自己的不好全怪罪他人。

日本的公司有百分之九十九為中小企業，其中還有大半是十人以下的小企業或個人事業者。「經營計畫？那都在我的腦子裡了，不用寫啦！」也許你會這麼想，但實際寫出來有這

與夢想共生計畫
為了讓越來越多人擁有夢想的計畫
LIFE WITH DREAM

WHAT'S YOUR DREAM

找出夢想的三十個問題。

「你的夢想是什麼？」
一定有很多人突然被這麼一問無法馬上回答。
所以我們設計了「找出夢想的三十個問題」。
請對自己或重要的人提問，一定能找到重要的「夢想」。

Q1. 現在最想去哪裡？

Q2. 現在最想要什麼？

Q3. 現在，做什麼讓你最快樂？

Q4. 現在最想見的人是誰？

Q5. 小學時候想做什麼工作？

Q6. 學生時代最熱衷什麼事？

Q7. 下輩子想做什麼工作？

Q8. 請列出憧憬的對象。

Q9. 容易衝動購買的書籍類型？

Q10. 家人、朋友、財富、地位、名譽，請依重要程度照順序寫下來。

Q11. 如果一天變成二十五小時，你想怎麼過？

Q12. 有什麼想和其他人學習的事嗎？

Q13.「如果我有這種能力……」有想過這種事嗎？

Q14. 請問你至今的人生中有放棄過什麼事嗎？

Q15. 做過持續最久的事情是什麼？

Q16. 最重視的人是誰？

Q17. 想留下什麼給他嗎？

Q18. 有想為他做什麼嗎？

Q19. 有什麼想解決的煩惱嗎？

Q20. 有真的很想做，但不管怎樣都做不到的事情嗎？

Q21. 死前一定要做一次的事情是什麼？

Q22. 如果今天是世界末日，你想做什麼？

Q23. 你覺得在你的告別式，來參加的人會說你是個什麼樣的人？

Q24. 有想對家人說的話嗎？

Q25. 你想讓別人認為你是怎樣的人？

Q26. 如果手上有能自由使用的一千萬日圓，你會怎麼使用？

Q27. 人生中最重要的寶物是什麼？

Q28. 有什麼沒做完的事嗎？

Q29. 請說說人生中最美好的那天。

Q30. 你的夢想是什麼？

些好處。

如果有經營計劃書，則老闆的想法更容易傳達給員工。原則上上班族會遵從公司（老闆）的規定，如果知道「老闆想這樣進行」，員工和客戶也更容易相互合作。在雅滋養，每天的朝會會一頁頁朗讀經營計劃書。只有數字或戰略的計劃書沒有夢想，將公司理念或使命、價值觀或信條也化做文字更好。

小澤先生僅花五年就使公司成為愛知縣第一名的損害保險代理店，他在員工只有八名時，就聽麻井顧問的勸告製作經營理念。「我們那麼小，高唱那些美好也無濟於事。」雖然這樣想，也還是聽從建議製作了「我們要成為日本第一的公寓、大樓所有者的幫手！」等五條理念於朝會朗誦，有員工深受感動，團隊精神更加緊密。福岡縣的在地飲食連鎖集團「ONO集團」也將信條製作成名片大小，讓所有員工隨身攜帶，於朝會時朗誦。

不用一開始就寫下好幾十頁、帥氣的經營計劃書或信條，就連雅滋養一開始也只有一張紙。而且還是在創業十四年之後，就連熱衷製作經營計劃書的中小企業同盟會裡，實際有製作的會員企業，推測也只有一成左右。知道此現狀的雅滋養創始人決定，就從製作一張人生計劃書或經營計劃書開始吧！提倡「一張紙運動」，下一頁開始是我的個人範本，是各個讀書會的精華（笑）。

首先是夢想和目標清單，不用考慮實現的可能性，自由寫下夢想或願望就好。

【わたしの夢・目標リスト】

2003年1月

ただ単に生活の糧を得るために働いている人もいますが、現在の仕事は喜び、興奮、挑戦、限りない収入などを与えてくれ、あなたにとって一番大事な目標を達成させてくれます。

向こう一年間のあなたの仕事や人生で本当にあなたが望むことがらを表にして書き出してください。

1. 本「小さな会社☆儲けのルール」が17万部となる
2. 2冊目「バカ社長☆天職発見のルール」が03/12発売。5万部となる
3. 3冊目「人生はアドベンチャーだ！」が03/4出版となり、20万部となる
4. 講演は年間100回、人生・経営相談も ~~200~~ 1000回受ける（Tel含む）
5. 年収1500万円。
6. テレビ「人生を逆転する！ベンチャー大学」が全国へ配信となり（のケーブルTVへコンテンツ販売（3万円×30局））、スポンサー負担ゼロとなる
7. ビジネスセミナー＆交流会「九州ベンチャー大学」は毎月継続
8. 美都子と哲之・光が健康で生きる
9. 病気ケガゼロ
10. 私のアドバイスで成功した人を100人
11. 楽天日記「人生はアドベンチャーだ！」の年間アクセスが200万になる（毎日7000アクセス）。総合1位へ
12. キックボクシングの試合に出て、勝つ！（史上最高年令）
13. ビッグトゥモローやアエラや日経ベンチャーから「人間発見！」として取材される
14. 講演・相談会の時、100%全力、本気でやり、相手を満足させる（福岡JCで「13年中、一番よかった！」、関西ベンチャーで「とんでもない！熱い！」）
15. 久米美都子の本「人生の旅」をプロデュース・出版する
16. NHK「人間ドキュメント」に〈年間100回、ローカル零細企業の救済者〉として放映される
17. 講演・面談→名刺交換→あとで一目でわかる整理＋データベースのしくみを完成
18. もらったハガキへ、その月中に返事を100%やる
19. 毎朝4時半起床→4時代出社→Tel相談を継続する
20. 毎日、出逢った人へと今まで会った人への感謝を忘れない
21.
22.
23.

（出處）サクセスパワー福岡

２００８年　夢・目標　インタークロス　栢野克己

電話092-781-5252 FAX092-781-5354 090-3604-6735　九州ベンチャー大学　平成20年２月９日改訂

★トータルパーソン：イメージ目標

「私は接近戦日本一の、小さな会社☆天職起業☆人生逆転コンサル・講演家！」

★経営理念・使命・天命・ミッション(自分ができること＋社会の役に立つこと)

「本・講演・勉強会を通じ、本気！正直！感謝！の起業人を１万人輩出する」

目標設定　約束手形　達成期日

■仕事面：仕事にありがとう！縁にありがとう！

・本「人生は逆転できる！」を出版100万部！2010年まで　2008年05/30

・講演を年間１００回（人生系50・経営系50）　2008年12/31

・「小さな会社★儲けのルール」が20万部突破　2008年12/31

・「逆転バカ社長」文庫版・全国版の実現　2008年11/12

・「九州ベンチャー大学」「経営人生計画」毎月実施　2008年01月～

・ＤＶＤ・ＣＤのネット販売毎月100万円　2008年03月～

・妻と子どもの絵本「それゆけ小学生★ボクらの世界一周」出版実現　2008年03/20

・次作の出版依頼を獲得する　2008年02月

■経済面：お金にありがとう！　毎日

・個人年収1000万円の復活・維持→月200万円の粗利→月に講演20万円×10＋α

・無駄使いを一切しない

・お金への感謝を忘れないこと

■社会生活面：世の中にありがとう！　毎日

・朝５時までに起き、５時台に出社

・毎朝の掃除(会社・歩道・トイレ)

・大勢より個別の面談を優先大事にする

・出入り業者・来客・タバコ屋・管理人のおばさんにプレゼント（土産物・他）

■精神面：自分と相手にありがとう！　毎日

・ありがとうございます！を声に出す

・ありがとうございます！と言われる行動をする

・受けた恩は忘れるな　施した恩は水に流せ

・全ては人生の糧。マイナスも100%プラスへ転化

■教養面：本や勉強会や会う人にありがとう！　毎日

・本を毎週１冊読破

・ブログ日記を毎日書く

・アナログでの面会を大事に

■健康面：体に神様にありがとう！　毎日

・早起き・笑顔・ありがとう！

・腕立て伏せを毎日朝50回＋昼50回＋夜50回

・食事は腹八分目

・スナック菓子を減らす

・歩く

・タバコを減煙

■家庭生活面：家族とご先祖様にありがとう！　毎日

・毎日、皿洗いをする、妻のマッサージをする

・毎日、仏壇の掃除＋水換えをやる

・毎日、ありがとう！をミコさんと敬之と光と親先祖へ言う

・毎日、どこかの掃除をする、ゴミを拾う

・毎週、おみやげを持って帰る

■番外：妻へ　毎日

・毎日「ありがとう」を１０回以上「心から」言う。

「私は文章＋講演＋人生相談ができる、日本一の零細起業講演家」

接著是人生計劃書，這張紙寫下工作、興趣、家庭等，一年後想達成的項目。

經營戰略

★全体目標・決意（１年後の年収・粗利・売上・その他、極力数値で現せるもの）

■2008年３月末までに年収1000万円（＝毎月粗利200万円）体制
■本を３冊だし、計100万部を越える！
■「小さな会社の経営＋人生系講演家なら栢野克己」と言われるようになる。

①商品戦略／私の天職・深く穴を掘るべき分野・中心と幅
・講演：地方の商工会議所・商工会・ＪＣ他。普段勉強してない小企業経営者
・本：小起業家向けの「人生逆転」「弱者の戦略」
・勉強会：毎月の「九州ベンチャー大学」「特別セミナー」「経営計画」
・ブログ：ネット上の接近戦の武器
・個別相談：朝５時より。極力、会う、電話、メールで。
・事例ＤＶＤ・ＣＤのネット通販

②地域戦略／活動範囲・重点エリア
・講演活動は全国だが、敵の少ない「地方」を重視＋中国他のアジア

③客層戦略／私が役立てる客層・人々
・小起業家
・起業目指す人
・人生逆転を目指す人
・ウツだが前向きな人

④営業戦略／どうやって新規の顧客候補を開拓するか
・講演・ベンチャー大学開催・他のセミナーへ参加
・上記の接近戦で会う人の数を増やす
・ブログ・本を出す・講演する
⑤顧客戦略／リピート・固定客・クチコミ・紹介の方法
・名刺交換後、メールで接触。ブログやメルマガ登録を促す。
・講演主催者へハガキの返事をスグ出す
・相談の面会や電話やメールを受ける

⑥組織戦略／会社はどうやって回すか
・私は究極の職人を目指す

⑦財務戦略／お金とのつき合い方
・贅沢は一切しない。
⑧時間戦略／朝は何時から・働く時間・時間の使い方
・朝５時代には事務所へ。午後９時帰宅
・土曜は全日、日曜も昼まで仕事
⑨やる気戦略／やる気を維持するために
・早起き、笑顔、挨拶（まずは家族）、掃除、ありがとうを言う、言われる
・やる気出る会合に出る（やずやＳＭＩ・早朝マーケ会・同友会、他）
・やる気出る会合を主催する（ベンチャー大学・経営計画セミナー・他）
・やる気出るＤＶＤ観る・講演参加・人に会う。
・毎年、発展途上国へ旅をする。

再來是工作的經營策略，寫下商品或業務的重點目標。

最後是行動計畫，依時間順序寫下實際的行動項目。

行動計画

★毎日やるべきこと（朝から寝るまで：例：ブログを書く）

①朝は４時５５分に起床
②ありがとうと言う
③笑顔
④ひげ剃りしながら＋鏡を見ながら笑顔の練習
⑤仏壇の水換え・感謝の祈り
⑥皿洗い
⑦妻の背中をマッサージ＋ありがとう
⑧出社。事務所前の歩道を掃除
⑨６時～９時は執筆。このシートを見る、読み上げる。
⑩本日のToDoリストチェック＋メールや郵便物のチェック＋返信
⑪ブログ更新・手帳のメモを見ながら
⑫アポこなす
⑬合間は接近戦（アナログ＋ネット）
⑭気づいたことは手帳にメモ
⑮ハガキ・メールや他の返事
⑮明日やるべきことをメモ帳に書いて帰る
⑯子供の宿題やテストにコメント
⑰風呂・シャワー
⑱ニュースだけ見て午後 11 時までに「ありがとう」と言いながら就寝。

★１週間単位でやること（例：新規の講演仕事を受注）

①本の原稿を５０ページ
②読書１冊

★１ヶ月にやること（例：月に３冊は本を読む・他）

①講演１０回×２０万円（粗利２００万円）
②ＤＶＤ販売１００本×３０００円（粗利 2000 円＝２０万円）
③１年に２冊出版（印税粗利・年に３万部以上で年間２５０万円以上目指す）
④経営計画セミナー毎月ベースで１回２０万円の粗利

①＋②＋③＋④で月に２６０万円の粗利＝年収１０００万円達成

★心構え・考え方（例：常にプラス発想・他）
①何があってもプラス発想。
②一般大衆より個別対応を優先
③毎日、このシートを見る、読む。一人朝礼をする。
④迷ったら、鈍ったら人に会う。話す。

★その他
・以上のシートは常に手帳・机の前・トイレに貼り、毎月月末に見直し書き直す

人生的成功在於夢、戰、感

「人生或經營，為了成功需要什麼？」

這是我演講開始時會請參加者回答的固定提問，然後就會出現夢想、幹勁、決斷力、行動力、策略、感謝等各種回答，這些全都是正確答案。

整理這些答案後，可以將經營和人生的成功關鍵大致分為夢想、戰略、感謝三類。雖然還有其他重要的因素，但我將它們統稱為「夢、戰、感」。

這每一個都是非常簡單的事，也可以反過來說，因為太理所當然，就被忘記了。所以，這裡為了再次提醒各位，做點簡單的說明。

關於夢想，之前已經解說。設定人生的夢想或目標，之後要如何實現自己的設定呢？幹勁、正向思考、目的、目標、使命、天命等，書店的勵志書區裡有各種相關討論書籍，而它們的重點大致上相同。

接著是戰略，「減重十公斤」這種個人目標是和自己的戰鬥，但在商業或經營的時候，除了和自己的戰鬥，還要和顧客或競爭對手產生關係。要在哪裡購買是由顧客決定，而且你有競爭對手和你爭奪著顧客。要達成個人興趣的目標，只消確實進行自我管理就得以實現，若是商業或經營相關，則有「自己」、「競爭對手」、「顧客」三項變數相互影響，難易度也提高了好幾倍。所以，為自己打氣加油的勵志書是不夠用的。冷靜分析競爭對手的能力或顧客的需求，不打會輸的仗，找出能得勝的領域等，你需要整體的戰略和現場的戰術。

最後是感謝，我也曾因為忘記這點而遭遇好幾次苦痛。當老闆的人也有很多人忘記了這點，特別是年輕的創投型老闆。靠著強勁的夢想或戰略，短時間內獲得成功。「我真是太厲害了」沉溺於這樣的自滿，忘了感謝周圍的人而招致滅亡。藝人也是，經過每月僅數萬日圓的沒沒無聞時代後，年收入超過一千萬日圓則變得傲慢不謙虛，得到「小成功病」然後就消失在演藝圈了。「感謝就是個性的優點」要改善這點說不定就是最困難的，我在早起讀書會裡也感謝了父母和妻子、打掃廁所、說了一萬次的謝謝，但馬上就被打回原形。

這是個到死都要努力的修行，不管是對我或對你（笑）。

Part 3

迷惘時請回想竹田陽一語錄

語錄1　獨立創業是人生的敗部復活戰

我（竹田）以前調查過獨立創業的一百人，然後嚇了一跳。實現從前夢想或事前就確實計畫的人僅占百分之五，因為公司破產或遭裁員，還有因為人際關係惡化而被迫離開的外部強制型占百分之五十五。剩下的百分之四十是失業後找不到適合的工作而乾脆當老闆的類型，學歷上這些人沒有知名大學畢業的人，而且先前的工作地點幾乎都是中小企業。沒有上市公司，換句話說，獨立創業的人沒有學歷，走在組織邊緣的人為多。有被媒體採訪的創業者看起來光鮮亮麗，但那只是非常少的一部分。創業實際上就是沒有學歷的上班族，離開組織後的敗部復活戰。

語錄2 暴發戶式的獨立乃自我滅亡的開始

我在企業調查公司（Tokyo Shoko Research）工作時，曾經採訪過一千家以上的破產企業。大部分的新公司倒閉理由都是實力不足或是計畫不周全，沒有準備，突然創業的情況很常見。當上班族的時候覺得經營公司之類的看起來很簡單，一旦獨立創業要自己去做時就會遭遇接踵而來的失敗。當失敗年齡超過四十五歲，想要再進入職場就會因為薪水和過去不同而變得困難。要獨立創業，最少應設定三年準備期。就算是上班族，只要有想自己做生意的意識，對現在自己工作的看法也會有大幅度的改變。變得想要學習厲害的人的經營方式，看書或參加講座學習的欲望也會提高。總之，如果你想過要在一年內創業的話，應該立即中止。

語錄3 個性彆扭或奇怪的人比較有利

做生意的話，和同業其他公司做出差異性是很重要的，但是上班族組織則要大家有相同的協調性。就算是一般的人際關係，隨意打亂平穩的狀態也會被討厭。相反的獨立創業或經營上，若和強勁的競爭對手做相同的事，就會陷入價格競爭。因此必須在商品、地區、客群或業務方法上做出差異，但要和其他人做不一樣的事很需要勇氣。在這點上，個性彆扭或奇怪的人就很有利。對於集體行動或配合他人不擅長的人，很適合當經營者。「我學生時代的綽號是山川，大家說到山就會接著講川，我從小就個性彆扭。」這是優衣褲創辦人柳井正說過的話。

語錄4　過了四十歲就別再做不適合自己的事

為了在經營戰中活下來，必須客觀分析「自己」和「競爭對手」、「顧客」之間的角力關係，選擇自己能獲勝的領域。就算是自己喜歡的商品或客群，一旦會輸給競爭對手就要捨棄。但是，人是容易做著喜歡或適合的事的，要持續做著討厭又不適合的事很痛苦。這中間也有合適度的問題啊！我工作的客群方面，和女性或上班族就是合不來。說到中小企業，還是和男性老闆比較合。雖說經營就是變化對應業，但人是會隨著年齡變得頑固的，過了四十歲就別再做不適合自己的事。

語錄5 不曉得夢想或目標是很正常的

勵志書一定會有「明白地寫下將來的夢想或目標」，但是除了部分運動選手或藝術家，大部分的普通人都是先做了現在的工作，然後就到退休了。據說擁有夢想的人只有百分之三，擁有卓越的強項則變得顯眼，會被周圍褒讚，再加把勁就能找到夢想或目標。普通或普通以下的人則不會被稱讚，也不會想加把勁。換句話說，夢想或目標常是自己強項的延伸。在現在的工作中，你的強項在哪裡？只要努力就能變成第一名的工作，只要仔細分類一定能找到，那就是能成為你夢想或目標的方向。

語錄6　轉職或做其他生意也是一個方法

如果在現在的工作中找不到自己的強項或卓越之處，轉職或改做其他生意也是一個方法。我在當上班族的時候曾經待過四間公司，都是做業務，但我發現我對個人銷售住宅一事完全不在行。但是，我原以為會失敗的針對法人的企業調查公司很適合我。我在這裡找到了強項，發展此強項獨立後也經營得不錯。郵購公司「雅滋養」的創始人也經過了十次的轉職轉業才設立了現在的公司，拉麵一風堂的創始人也是，原本的夢想是當演員，後來放棄進入量販店。然後開了酒吧，又轉成拉麵店。不過他有句名言「人有無限的可能性，但只能選擇一個」，為了達到成就，在某些時候必須集中於一點，人生也是這樣。

語錄7　成功的人很早起

我在企業調查公司工作時，曾對二千家左右的公司做過信用調查，發現會倒閉的企業，他們的老闆都很晚上班。糟糕的經營者甚至早上十點或過了中午才出現，另一方面，業績良好的公司經營者，特別是創辦人都很早起。六點或七點起床是很平常的，最晚也會七點半就準備出門了。咖哩連鎖店CoCo壹番屋或日本電產的創始人，連續三十年以上都在早上六點左右上班。我在失業和被貸款追著跑的第四間公司開始，也在七點左右就進公司。行政工作或讀書都有時間進行，點子也源源不絕。獨立創業後也持續這個習慣，結果非常順利。你就當作是被騙，試著挑戰早起早點進公司看看。

語錄8 放下興趣，也別去同學會

企業經營和實力主義呈正相關，沒有完全的保證和安定，外面是充滿競爭對手、弱肉強食的世界。為了要在自己所處的業界活下來，在步上安全軌道之前必須拚死努力工作。像上班族那樣朝九晚五準時下班，周休二日又能休國定假日、盂蘭盆節和新年假期的，很難生存下去。為了在工作中達到成就，並且取得某項第一，就必須比別人或別家公司更長時間的努力。唯獨睡眠是必需品，否則鐵打的身體也撐不住。因此你要放下興趣，如果你真的想成功。同學會也別去了，席間往事對你沒有意義。親戚的葬禮、法事之類的就麻煩太太吧！這種話最近的反應不太好呢（笑）！

語錄9　感謝請用態度表現

我在創業時，因為辦公室的辦公用品付了相當多錢給不同業者。但是，東西買進來後就只是放著，毫無反應。所謂感謝是將感覺到的事化為言語射出來。感謝的心情，若不透過言語或行動就無法傳達給對方。因此我要推薦對方向你購買後就寄出「感謝明信片」以及當作後續追蹤，每年三次的「定期明信片」。會這樣實踐後續追蹤的人不到百分之三，一旦實行就能得到顧客的好感與難忘記，接著就會回頭購買或介紹朋友。訣竅是不使用印刷傳單，不要擺出銷售姿態，寄出手寫明信片。

語錄10　用心的程度能超越技術

創業時或小公司的商品和服務品質都很差，不管是自己或員工，大家的戰略或戰術程度都不高。每個人一開始都是這樣，這也是沒辦法的。但只要用心去做就能開拓自己的道路，只要拚命努力去做，光是這樣就能賣出東西。認真的模樣最吸引人，甲子園高校野球和職業棒球不一樣，輸了之後還有敗部復活戰，選手的一舉手一投足都與勝負相關，所以大家卯足全力。所以觀眾的目光難以離開選手，我有個當紅的講師朋友，他的名片上寫著「全年無休、二十四小時服務」。用心的程度能超越技術，也能超越技能。

語錄11 人生因「相遇」改變

工作性質，關於這件事我調查過許多人或公司的變遷，等級A的人經過十年或二十年還是A，等級C的人則一直是C。幾乎所有人都不會變，但是偶爾會發生等級C的人飛躍進等級A的狀況。這些人幾乎都是因為遇到了好上司或好老師才有了轉機，能夠自己點燃自己的自燃型不到一成。九成以上都是受他人影響才開始燃燒的他燃型，連宜得利的社長也在電視和報紙上告白，自己是因為和經營顧問渥美俊一相遇，人生才改變。我也在田岡信夫老師的講座裡蒙受天啟，不動就不會有改變。離開現在的環境，多多相遇吧！

語錄12　率直最好

好事應循，而公認的好事就是率直。連松下幸之助也推崇「率直」，但這相當困難。以我來說，如果同業的顧問對手或作者出書了，我雖還沒讀過也會想著「哼，那個白癡！真無聊」。但這樣不行，「喔！又出書啦！真厲害，得好好學習才行。我還太嫩了，得更努力才行。」應該這樣率直地承認。雖然是困難的事情，但好事就應遵循。率直的認同努力的人，這份率直很重要。

語錄13 建立夥伴

建立讀書會的夥伴，變得親近後再談論經營的事情就能夠互相交換意見、良性競爭。這是一種心理上的強制行為，所以要感謝競爭對手。如果公司內外都沒有對手就不會成長，但是成為老闆後，公司內就沒有能切磋的對象。沒有人想和你交換意見，於是變得放鬆。所以要參加公司外部的聚會，雅滋養因為中小企業家同友會而有了大改變。經營便當店的岩田先生因為附近的戰略社長塾而改變，宜得利因為渥美老師的讀書會、Q'Sai則是因為日本BE的行德哲男和一倉定老師的講座，雖然總會有畢業的一天。

語錄14 模仿、抄襲

學習就是模仿，以我來說，我一開始的學習對象是美國壽險公司的業務員法蘭克·貝特格（Frank Bettger）。他的書我反覆閱讀了很多遍，我還製作了自己專用的朗讀錄音帶。聽了一百次以上，然後嘗試照他說的方式做業務。真的如他說的一樣，當我實行在企業調查公司裡沒有人做過的拜訪企業後，營業成績達到業界的日本第一，也成為納稅大戶，遇見好對象、觀察他、把他當成學習對象來模仿。這是非常重要的事，雖然開始時是模仿，但經過一定的時間就會融入自己的特色，變成自己個人的做事方法。

總結 努力之後乃人格養成

某個鄉下有個正在勞作的農夫，他從早到晚都在櫻桃果樹園裡拚命工作。絲毫不浪費的他，只要存了錢就是拓展果樹園，是村子裡櫻桃出貨量最多的，是個受人尊敬的偉大農夫。

他有二個兒子，但他們和爸爸不一樣，非常懶惰，不去工作整日遊手好閒。

隨著時光流逝，農夫也老了。但是兒子們還是和以前一樣懶惰。

夏天快結束的時候，感覺到死期的農夫把二個兒子叫來床邊，對他們說。

「我在果樹園某處埋下了我積攢下來的財產，我就把那留給你們了。等我死了之後你們就把他挖出來拿去用吧！」

父親死後，他們就隨便辦了葬禮，從早到晚不停地翻掘果樹園。

然而，秋天過去了，到了冬天他們還是什麼都沒找到。果樹園全翻了一遍，卻找不到父親埋下的財產，最後兄弟倆不再挖了。

不久春天來了，櫻桃樹開了美麗的花。花結成了果實，隨之而來是收穫的季節，果樹園裡的每棵樹都結滿了近年沒見過的大顆飽滿果實。這其實是因為兄弟倆拚命翻土，土壤變得柔軟，落葉掉下後肥沃了土地。櫻桃在市場上賣出高價，兩兄弟得到大筆財富。於此同時，他們注意到父親留下的真正財產和遺產是「勤勉」，深深的感謝父親。

後來，他們從早到晚勤奮工作，性格變得和過去的樣子判若二人。

這是伊索寓言〈農夫和他的兒子〉的大意。

我認為每個人都希望自己性格良好，受周圍尊敬，是個偉大的人。

但是，性格是人體裡根深蒂固的東西，不是被稍稍說教或讀幾本書就能輕鬆改變的。

對一般人來說，除了體驗至今從未經驗過的巨大辛勞，並從中吸取了什麼，是不可能發生性格變良善、創造人格之類的事。

為了吃飯或賺取生活費所以長時間工作是辛苦而且寂寞的事，但是訂下人生目標並且為了創造人格，就算長時間工作也不會感覺陰鬱。

我們從雙親那裏繼承而來最有價值的遺產有二項，第一個是「時間」，第二個是「潛藏在自己身體裡的能力」。

積極使用「從雙親那裏繼承來的時間」面對「工作」，
隨後，
得到「優秀的成績」時，
第二個遺產，
「潛藏的能力」開花，
此時是第一次，
能回報「雙親給予的恩惠」。

竹田陽一

致謝

感謝你拿起本書，本書寫了許多小公司的事例，大部分都是我從一九九二年開始主辦的講座交流會「九州創投大學」或「人生計劃講座」、「經營計畫講座」中直接聽來的成功事例。

老家因為做了其他人的貸款保證人而背負了一億日圓的債務，後來我也從東京回來繼承了母親全部的債務。雖然有從祖父那代傳下來的土地和父親留下的房子、股票，但要還清債務還是不夠。回到福岡進入職涯中的第七間公司，雖然收入有二十幾萬日圓，但還是追不上還款催繳速度。於是因創業開始考慮清算，打算學習前人每月主辦創業成功體驗談的講座。還完連帶債務二十四年後的現在，也還繼續在福岡、東京、大阪、名古屋等地舉辦（我會前往全國各地舉辦事例演講）。本書中三則個案研究是這十年來獲得最大迴響的事例，其他還從大約一千次的讀書會中挑選五十家左右的公司事例。我將經營戰略理論的幅度縮到最小，以事例為中心，相信經營初學者也很容易理解。

我一開始是想像雅滋養那樣，目標創業成功，但在過程中感受到自己身為經營者不論器量或力量都還不足（笑）。原是以廣告代理業創業的，但中途變身為成功事例的讀書會主辦人、作者、自由講師。講座交流會每月會在各處舉辦，個別諮詢或啤酒會也幾乎每周都有。請讓我聽聽各位的人生和事例，詳情請搜尋「栢野克己」。對本書有疑問或提問也請不要客氣，希望各位讀者都能獲得成功。

栢野克己

BW0658

小公司賺錢的技術

規劃8大項目，立定4大戰略，在夾縫中穩定獲利的成功指南

國家圖書館出版品預行編目（CIP）資料

小公司賺錢的技術：規劃8大項目，立定4大戰略，在夾縫中穩定獲利的成功指南／栢野克己著, 高菱珞譯. -- 初版. -- 臺北市：商周出版：家庭傳媒城邦分公司發行, 民106.12
面；　公分
譯自：小さな会社の稼ぐ技術
ISBN 978-986-477-383-1（平裝）
1. 市場政策　2. 中小企業管理
496.4　　106023988

原　書　名／小さな会社の稼ぐ技術
作　　　者／栢野克己 Kayano Katsumi
監　　　修／竹田陽一 Takeda Yoichi
取材、執筆協力／豊倉義晴 Toyokura Yoshiharu
譯　　　者／高菱珞
企 劃 選 書／鄭凱達
責 任 編 輯／簡伯儒
版　　　權／翁靜如
行 銷 業 務／石一志、周佑潔

總　編　輯／陳美靜
總　經　理／彭之琬
發　行　人／何飛鵬
法 律 顧 問／台英國際商務法律事務所　羅明通律師
出　　　版／商周出版
臺北市104民生東路二段141號9樓
電話：(02) 2500-7008　傳真：(02) 2500-7759
E-mail: bwp.service @ cite.com.tw
發　　　行／英屬蓋曼群島商家庭傳媒股份有限公司　城邦分公司
臺北市104民生東路二段141號2樓
讀者服務專線：0800-020-299　24小時傳真服務：(02) 2517-0999
讀者服務信箱E-mail: cs@cite.com.tw
劃撥帳號：19833503　戶名：英屬蓋曼群島商家庭傳媒股份有限公司城邦分公司
訂 購 服 務／書虫股份有限公司客服專線：(02) 2500-7718；2500-7719
服務時間：週一至週五上午09:30-12:00；下午13:30-17:00
24小時傳真專線：(02) 2500-1990；2500-1991
劃撥帳號：19863813　戶名：書虫股份有限公司
E-mail: service@readingclub.com.tw
香港發行所／城邦（香港）出版集團有限公司
香港灣仔駱克道193號東超商業中心1樓
E-mail: hkcite@biznetvigator.com
電話：(852) 25086231　傳真：(852) 25789337
馬新發行所／城邦（馬新）出版集團
Cite (M) Sdn. Bhd.
41, Jalan Radin Anum, Bandar Baru Sri Petaling, 57000 Kuala Lumpur, Malaysia.
電話：(603) 9057-8822　傳真：(603) 9057-6622　E-mail: cite@cite.com.my

封面設計／黃聖文
印　　刷／韋懋實業有限公司
經 銷 商／聯合發行股份有限公司　電話：(02) 2917-8022　傳真：(02) 2911-0053
地址：新北市新店區寶橋路235巷6弄6號2樓

■2018年（民107）12月初版
■2021年（民110）2月初版2.3刷
Printed in Taiwan

定價330元
ISBN 978-986-477-383-1

城邦讀書花園
www.cite.com.tw